图说生活
畅销升级版

0～1岁

育儿圣经

林久治 主编

浙江出版联合集团
浙江科学技术出版社

图书在版编目（CIP）数据

0～1岁育儿圣经／林久治主编．—杭州：浙江科学技术出版社，2012.6

ISBN 978-7-5341-4492-9

Ⅰ.①0… Ⅱ.①林… Ⅲ.①婴幼儿－哺育 Ⅳ.①TS976.31

中国版本图书馆CIP数据核字（2012）第079513号

0～1岁育儿圣经

林久治　主编

责任编辑：宋　东　王　群　王巧玲
特约编辑：蔡　霞
责任校对：刘　丹　赵新宇　李骁睿
特约美编：王秋成
责任美编：金　晖
封面设计：桃　子
责任印务：徐忠雷
版式设计：孙阳阳

出版发行：浙江科学技术出版社
地址：杭州市体育场路347号
邮政编码：310006
联系电话：0571-85170300转61704
制　　作：日知图书（www.rzbook.com）
印　　刷：北京瑞禾彩色印刷有限公司
经　　销：全国各地新华书店
开　　本：710×1000　1/16
字　　数：180千字
印　　张：12
版　　次：2012年6月第1版
印　　次：2012年6月第1次印刷
书　　号：ISBN 978-7-5341-4492-9
定　　价：19.90元

前言

Foreword

父母，是直接影响下一代的重要人物。要当称职的现代父母，就要抓住宝宝关键期——0～1岁。这个时期是宝宝大脑发育最快的时期。抓住宝宝生命之初的敏感期，找到培养天才的秘密！挖掘宝宝的潜能，锁定宝宝的敏感期教育，培养出天才宝宝不是梦！

宝宝出生伊始，是缺乏认知的，他的一切都等待着父母去开发、去引导、去培养。这个时期的宝宝最需要的不仅仅是饮食方面的营养，还需懂得科学早教知识的父母对其进行各项智能、习惯的发掘和培养。

想必看这本书的一定是一位深爱着宝宝的爸爸或妈妈。知道吗？你手中的这本书，正是帮助你培养聪明宝宝的宝典。书中针对0～1岁宝宝不同时期的发育特征、饮食特点、常见病护理、保健按摩、智能开发等方面展开详细的解说，从而协助父母尽早培养宝宝完美的情商、健康的体魄，以及良好的生活习惯、学习技能……让早期教育帮助你的宝宝全面发展，为他的未来打下坚实的基础。

这是一本科学、实用、可以帮你开发宝宝智力潜能的好书，让你花最少的钱，操最少的心，培养出聪明好学、健康快乐的宝宝。

林久治

知名儿科病理专家

首都儿科研究所研究员

国务院政府特殊津贴享受者

目录 | Contents

Part 01 读懂1岁宝宝，与TA一起成长
铸就聪明宝宝必知的育儿经

Part 02 天然、新鲜、多样、均衡
好妈妈不可不知的营养方案

ADAC

Part 03 做宝宝最好的家庭医生
育儿专家推荐的宝宝健康护理法

Part04 源自父母最真诚的爱
一学就会的宝宝成长抚触按摩法

Part 05 天才宝宝不可忽视的启智教育
最有效的宝宝全脑开发教育法

Part 01

铸就聪明宝宝必知的育儿经

读懂1岁宝宝，与TA一起成长

Chapter 01 成就天才宝宝就这么简单

如何让宝宝变得更加聪明，是每个爸爸妈妈的心愿。从宝宝出生开始，爸爸妈妈就在为提高宝宝智商、打造“天才宝贝”而努力。而0～1岁这段时间，正是铸就天才宝宝的关键期。

现代科学研究证明：正常的大脑发育在1岁以前最快。据介绍，宝宝出生时脑重量为350～400克，此后脑重量快速增长，6个月时为出生时的大约2倍，占成人脑重的50%，而儿童体重要到10岁才达到成人的50%，婴儿大脑发育大大超过了身体发育的速度。

因此，这段时期被称为宝宝智力发展的关键期，因为智力与脑的发育有直接的关系。没有早期教育意识的爸爸妈妈，由于不懂得去挖掘宝宝的大脑潜能，会白白错过宝宝智力开发的关键期。

爸爸妈妈如何正确有效地开发宝宝的智力？这需要对宝宝的智力发育水平有所了解。大脑中最先发展的是控制脊椎、四肢的神经系统，因此，了解婴儿大脑发育、智力开发的最佳途径，就是观察宝宝的运动能力的发展状况。

下面是婴幼儿早教专家提供的一些诊断宝宝智力发育水平的参考：当小勺掉落到地板上时，6个月的婴儿会顺着下落的方向看去；6个半月的婴儿当他的需要得到满足时，会发出表示满意的声音；7个多月时，婴儿会冲着镜子中的影像微笑；8个半月时，婴儿会和家人一起玩藏猫猫、拍拍手等游戏；9个多月时，婴儿会去拉系在环上的线，以便把环拉近；10个多月时，婴儿会模仿成人把积木放入盒中；11个多月时，婴儿会模仿词的发音；12个多月时，婴儿会讲几个单词。需注意的是，这只是作为爸爸妈妈简单判定的参考，而具体需根据孩子自身的发育做评判。

Chapter 02 好妈妈如何培养聪明宝宝

聪明宝宝需得到细心又有智慧的好妈妈的教育，妈妈教育方法的差别，常常影响宝宝的一生。对于妈妈来说，究竟如何才能培养出一个健康、快乐、自信而又有能力的宝宝呢？

不要吝啬你对宝宝的爱

安全的依恋关系是宝宝未来人际关系发展的基础。只有当宝宝小时候体验到一切积极的关爱情感，内心才会产生安全感，成长中才能够平等地与他人交往。所以，不要吝啬你的爱，向宝宝靠近一点，让他在与妈妈的接触中完全体会爱的亲密。

积极回应宝宝

宝宝还不会说话之前，他只能用自己的方式与你交流。也许是一点声音、一个动作或是脸部的表情、目光的注视或逃避，这就是宝宝给你的暗示。不要吝啬你的回应，你会发现，你的微笑能使焦躁的宝宝逐渐安静下来，哭闹情况减少，睡眠质量提高。这是因为宝宝通过安抚或者喂食得以安静，此时他大脑的焦虑反应系统自动关闭了。

与宝宝说话

你和宝宝所有的谈话将为宝宝未来的学习打下坚实的基础。当宝宝听到越来越多的词，大脑中处理语言的功能就会得到发展。与宝宝说话、阅读或唱歌，也许一开始仅仅是给他读简单的图画书，而并不是努力去教他。当宝宝越长越大，就可以通过读故事来鼓励他参与——重复语调和词语，慢慢地，他自己就可以做到了。

帮宝宝建立秩序

对宝宝来说，秩序的建立至关重要。宝宝是在重复中学习的，这也是他获得安全感的重要前提。如每天固定换尿布和洗澡的时间非常重要。同时，还要重复甚至固定一些能让宝宝体会到快乐的活动，比如在睡觉之前讲故事或听儿歌等。

鼓励宝宝安全探索

对于宝宝来说，很大程度上你决定了他认识世界的态度，你和他的互动也基本上决定了他学习的方式。因此，当宝宝努力去探索或做游戏时，你要保持接受的态度，尤其是当他受到挫折后，需要从你这儿得到鼓励时。只有这样宝宝才会对困难、对未来无所畏惧……爱他，让他去探索。

Chapter 03 为什么0～1岁决定宝宝一生

1岁前是宝宝智力发展、生长发育的最重要时期，如果错失了宝宝智力发展的关键期，等于错过培养宝宝的最佳机会。在这段时间里，宝宝存在四个敏感期，即四大“黄金时期”。因此，爸爸妈妈在这期间内促进宝宝发展相应的能力，则可以得到事半功倍的效果，为宝宝一生的发展打下坚实的基础。

秩序的敏感期

秩序敏感期表现

一个刚刚满月的宝宝，家人把他抱到楼下，宝宝就哭了，过了一会儿，把他抱到原来的房间，宝宝就不哭了。这表明，宝宝对环境、对宝宝原来生活的房间的秩序有了感觉。

秩序敏感期作用

给宝宝一种有秩序的生活，能稳定宝宝的情绪，并且建立良好的生活规律。

动作的敏感期

0～1岁的宝宝是最活泼好动的时期，爸爸妈妈应充分让宝宝运动，使其肢体动作熟练，并帮助左、右脑均衡发展。除了身体肌肉的训练外，还需注意动作练习，即手眼协调的细微动作教育，不仅能养成良好的动作习惯，也能帮助智力的发展。

动作敏感期表现

宝宝从出生学习蹬腿到学会走路这个过程中，是非常愿意运动的，而且不愿意让家人辅助，手的动作也是配合下肢运动来协调发展的。

动作敏感期作用

宝宝的学习都是通过身体的运动来进行和获得的。肢体运动连着大脑，受到大脑的支配。

语言的敏感期

婴儿开始注视大人说话的嘴形，并发出咿呀学语声时，就开始了他的语言敏感期。学习语言对成人来说是件困难的工程，但婴儿能轻松学会母语，因为婴儿具有与生俱来的语言敏感力。

语言能力影响宝宝的表达能力，爸爸妈妈应经常和宝宝说话、讲故事，或多用“反问”的方式加强宝宝的表达能力，为日后的人际交往奠定良好基础。

语言敏感期表现

宝宝最喜欢的是妈妈的声音，十月怀胎就听着妈妈的声音，所以宝宝识别最敏感的声音是妈妈的声音。然后从爱听妈妈的声音到听懂妈妈的声音，到听见后有动作反应，最后才有语言表达。

语言敏感期作用

0～1岁是前期语言时期，宝宝从爱听到听懂；1～3岁是语言期，宝宝18个月开始就出现词汇爆发，24个月是语句的爆发期，不但会自言自语，而且会模仿成人说话。所以，在前期多进行准备和训练，在语言爆发期，给宝宝提供良好的语言环境。

感官的敏感期

宝宝对感官有特殊的敏感，包括声音、影像、味道、听觉、嗅觉等方面。当胎儿7个月时，听觉已经成熟，可以听到外界的声音，出生后婴儿看到成人在说话时都会很专注地的学习、模仿。

比如大人常会忽略周遭环境中的微小事物，但宝宝却常能捕捉到其中的奥秘。因此，若宝宝对泥土里的小昆虫或衣服上的细小图案产生兴趣，正是你培养宝宝的好时机。

感官敏感期表现

宝宝对小的物体特别感兴趣，比如宝宝面前同时有一支笔、一粒花生米、一粒小豆，宝宝会首先抓住小豆。因为宝宝的视野和成人的视野不一样，成人视野是开放的，宝宝的视野是关注细节的，哪个微小，宝宝就关注哪个。

感官敏感期作用

宝宝对细小物体的关注其实就是宝宝观察力的开始。成人不要打断宝宝的关注，应该在安全的前提下保护他的兴趣。

在宝宝智力发展的关键期，早期教育特别重要。宝宝的观察力、想象力、记忆力都是在这时形成的。因此，妈妈应该从多种能力的培养入手，有计划、有步骤地开发宝宝的智力。

Chapter 04 0～1岁宝宝成长中的大事件

在宝宝出生的第一年里，有一些对宝宝成长发育来说非常重要的事件，爸爸妈妈要对这些情况有足够的了解。

追视移动物体

1～2个月的宝宝，他的眼睛可以追视90度范围内的移动物体，不过，这个物体需要离他很近（大约20厘米左右），而且具有明亮的颜色足够抓住他的注意。3个月左右，宝宝就差不多能像成人一样开始有意识地看东西了，这时他的两眼可追随180度范围内移动的物体。

视觉系统的组织结构和生理功能是在宝宝出生后才逐渐发育完善的。年幼的宝宝尚不会诉说，追视现象可以帮助我们发现早期宝宝的视力问题。

抬头

3个月的宝宝，在练习趴着时，小脖子可以比较稳当地撑起脑袋，头也可以抬起90度。到了4～5个月大时，他们可以熟练地做出俯卧抬胸的姿势。

宝宝抬头是一个健康信号，可以看出宝宝上半身的肌肉力量和协调能力的发展状况。此外，抬头、挺胸的动作可以使宝宝上半身得到锻炼，也为以后的翻身、坐、爬打好基础。

抓握及倒手

刚出生的宝宝经常双拳紧握，如果妈妈爸爸把手指或者一个玩具放到他胖乎乎的拳头里，他会使劲地握住。在这一阶段，这种抓握还只是一种无意识的条件反射行为。3个月大的宝宝可以去抓妈妈手里的拨浪鼓，但却很难控制手的力量和方向。到了5～8个月大，他的小手将能捡起一个物品，抓紧它，把它放到自己的嘴里，或者从一只手转到另一只手里，甚至两只手各抓一块积木对敲几下。

手的有意识运动表明大脑发育正常，控制小手的运动过程是宝宝手、眼协调运动能力的发展，使宝宝的活动更有目的性。

独坐

通常情况下，大多数宝宝会在6～8个月大的时候学会独坐。刚开始时，宝宝身体前倾，用双手帮忙才能支撑身体，而且坐一小会儿就会歪倒。慢慢地，他的平衡能力得到发展，脱离双手支撑也可以坐直。到了8个月大，宝宝坐得越来越好了，甚至还会向前倾着身体去抓玩具。

独坐是宝宝发育的里程碑之一，标志着宝宝从一个无助的新生儿开始走向独立。

咿呀出声

在3～5个月的时候宝宝开始咕咕叫，表示出和你交流的兴趣；大约4～8个月的时候，你会发现他开始不知疲倦地咿咿呀呀地叫个不停。

在语言发育方面，宝宝之间的差异很大。但是如果宝宝5个月大还不会咕咕发音，或者8个月大的时候还没有开始咿呀发声，有可能意味着他的听力有一些问题。

转向声源

早在出生后不久，宝宝就能对你的声音有所反应；但是直到4～6个月大，在没有被其他事情吸引的前提下，你叫他的名字他才能明确地转向你，这时他也能够对某一方向的声音产生回应。

这是判断听力发育是否异常的一个信号。新妈妈应该知道的：听和说是联系在一起的，如果6个月时头不能转向声源，8个月时还不能咿呀学语，应尽快带他去医院耳鼻喉科请医生进行听力检查。

说出第一个词

大多数宝宝在9～14个月之间说出第一个真正意义的词。和以前纯粹的发音游戏不同，这时的他为语言交流储备了足够的素材。比如，他知道某个东西是灯，陪伴他的人是妈妈等等，当他再要某个东西的时候，可以不再用手指点，而是说出要什么，语言的交流开始了。

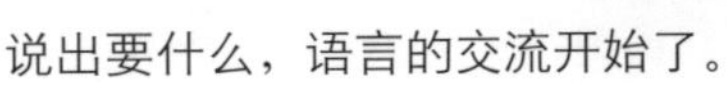

语言是交流的工具，宝宝可以通过说来表达他的感觉、要求，更好地融入社会。另一方面，语言具有的抽象、概括的特点，也可以促进思维发展。

第一次迈步

宝宝抓着妈妈的两个手指能够向前移动步子，然后，自己迈出一两步。大多数宝宝选择走的时间，在10～16个月之间。

从此以后，宝宝可以迈开双脚自由地去自己想去的地方，他的视野扩大了，这是宝宝走向独立的里程碑式的第一步。

Chapter 05 0～1岁宝宝智力开发的“三部曲”

1岁前婴儿虽然年纪小，但却处于大脑和情感发育的重要时期，爸爸妈妈除了要注意宝宝的饮食营养和健康护理外，最重要的是在宝宝刚刚降临人世的这段时间就要开始进行智力开发，最大限度地激发宝宝的潜能。在0～1岁这段时间，爸爸妈妈对宝宝进行智力开发时，要根据不同月龄段的特点来进行。

0～6个月：建立安全与依恋

爸爸妈妈在面对这个月龄阶段的宝宝时，首先要满足其生理需要，这是最重要的任务，与此同时也要关注宝宝的心理、智力发展。

面对新生儿，爸爸妈妈首先要为宝宝创造安全稳定的抚养环境，提供较好的抚养条件。其次要与宝宝建立起安全与依恋的关系，这也是这个月龄阶段的宝宝最需要的。爸爸妈妈要多观察宝宝，从宝宝的各类反应中寻找规律，学会从宝宝的哭闹、微笑等反应中读懂宝宝的需要；要帮助宝宝形成稳定的生活规律，养成良好的生活习惯；爸爸妈妈如果需要暂时离开宝宝，一定要给予宝宝语言或表情提示，给予安抚，不要以为宝宝年纪小就忽略掉这一点。

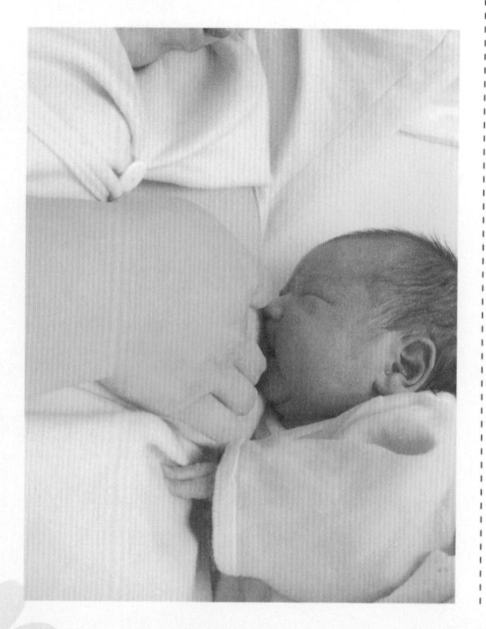

长期以来，宝宝的教育一直是以母亲为主体而父亲经常是缺失的，因此需要提醒爸爸妈妈，在与宝宝建立起安全与依恋关系的过程中，父亲也要发挥起应有的作用，这样宝宝长大以后会更勇敢。

7～9个月：好奇心的初步萌发

这个月龄阶段的宝宝开始对外部事物表现出好奇，他们要开始学习爬行了。从这个月龄起，爸爸妈妈可以开始对宝宝进行认知、语言、运动、感觉等各项能力的培养。

首先，学习爬行是这个阶段的重要工作。它能促进宝宝动作的发展，为学习站立和行走打基础，也能满足宝宝探

索外部事物的好奇心。同时宝宝的食指也开始分化了，爸爸妈妈可以对其进行精细的手部动作训练。

其次，这个月龄段的宝宝自我意识开始初步觉醒，爸爸妈妈可以教宝宝勇敢地在别的小朋友面前介绍、表达自己，从而让宝宝认识自我，学会与人交往。

良好的亲子阅读习惯，也需要在这个阶段建立起来。爸爸妈妈可选择一些以图画为主、色彩鲜亮、页数不超过20页、纸质较硬不容易被宝宝撕破的读物，将宝宝同向抱在怀中，把书摆在离宝宝视线15厘米左右的位置，用轻柔的语气为宝宝讲述书中的故事。虽然这个阶段的宝宝还没有理解能力，但他可以感受到愉悦的氛围，也能潜移默化地促进宝宝语言能力的发展。

10～12个月：探索精神进一步激发

这个月龄段的宝宝已经学会爬行，并开始学习站立和行走。逐步解放双手后，他们的好奇心和探索精神进一步被激发。

宝宝的认知能力在这个阶段有了进一步提高。爸爸妈妈可以借助一些漂亮的玩具，教宝宝理解大小、里外、因果等逻辑概念。

宝宝的语言天赋也即将觉醒。7～9个月期间还只会说单音节，这个阶段的宝宝开始朝着双音节发起进攻了。1岁以后宝宝就将进入语言能力的爆发期，在这个阶段爸爸妈妈应多多跟宝宝进行交流，为其语言的发展打好基础。

在交往能力上，宝宝也开始有了进一步加强，爸爸妈妈可以教其学习握手、再见等基本的社交礼仪。

专家导航

家庭氛围影响宝宝智力

家庭氛围包括对宝宝的直接教育和辅导，还包括对宝宝智力的间接性影响、启迪与熏陶。在日常，给宝宝讲讲故事，读读童话，讲解一下自然现象的发生与科学的联系，与宝宝一起玩智力游戏，乃至爸爸妈妈及其家庭成员在宝宝面前的一切知识性言论和行为，对宝宝的智力发展都起着至关重要的作用。

Part 02

好妈妈不可不知的营养方案

天然、新鲜、多样、均衡

Chapter 01 捍卫宝宝肠胃的秘诀

宝宝的智力发展决定于食物，丰富的营养对智力的健全发育起到了重要作用。充足的脂肪可使脑功能健全；充足的维生素C可使脑功能敏锐；充足的钙质能使大脑持续工作；碳水化合物是脑活动的能源；蛋白质是大脑从事复杂智力活动的基本物质；B族维生素可预防精神障碍；维生素A能促进大脑发育；维生素E能保持脑的活力……

婴幼儿时期是脑发育的关键时期，这一阶段如果注意营养的摄入，将大大有利于脑结构的分化与成熟，为其今后的智力发育奠定坚实的基础。

宝宝大脑发育所需要的营养素都可以从日常的食物中获取到。所以吃得是否正确，是否合理，成为爸爸妈妈养育聪明宝宝的关键所在。

抓住大脑发育关键期

婴儿期正是脑细胞继续（分裂）增殖和脑细胞个体增大的重要阶段。

这个时期应及时添加适宜辅食和满足制造脑细胞核及细胞质所需的蛋白质，合成脑细胞膜及神经髓鞘的必需不饱和脂肪酸，帮助脂肪氧化和蛋白质代谢的碳水化合物（糖类）以及构成骨骼的钙、磷及骨胶质等，协同大脑功能运作的几种微量元素铁（Fe）、锌（Zn）、硒（Se）、铜（Cu）、溴（Br）、铝（Al）等，还有能促进脑发育和调节脑功能的维生素A、维生素D、维生素B_{12}等。

因此，1岁以内的婴儿也要有计划地摄入谷类、豆类、禽、肉、肝、血、蛋、奶、植物油、深色蔬菜（绿色、橙色）和水果等，不能单一地以牛奶或母乳作为主食。

补钙要从未出牙开始

婴儿从6～7个月开始萌出乳牙，两岁半前乳牙全部出齐，从6岁开始，乳牙逐渐脱落，恒牙开始萌出，长期钙摄入不足不仅会影响牙齿骨骼的长度和成熟程度，还可导致乳牙较晚萌出，也会影响恒牙的形成或致其错位、畸形等。牙齿的钙化过程早在萌出前就已开始，因此，膳食中应注意经常为婴儿选食含钙量较高的食物，如虾皮、海带、紫菜、黑木耳、奶类、豆类等食品，以及芝麻酱、水果和绿叶蔬菜等，以满足骨骼增长的需要。

补充造血物质要及时

随着儿童年龄的增长，原来具有造血功能的红骨髓逐渐被脂肪细胞所代替，变成暂停造血功能的黄骨髓。随着体重的增加，血容量和红细胞的绝对量都成倍增多。又由于红细胞的寿命只有120天，需要有新的红细胞替换衰老的红细胞，这就要不断从食物中摄入蛋白质和铁以合成血红蛋白。因此，若不及时补充造血物质，便会发生营养性缺铁性贫血。所以，要经常不断地提供给儿童含有血红素铁（最易被小肠直接吸收的亚铁Fe^{2+}）的瘦肉、动物肝脏和动物血等类食物。

结合宝宝各阶段的消化生理特点挑选食物

胃的容积（舒张容积）会随着儿童年龄增长而逐渐扩大，1～3岁时约300毫升，3岁时约680毫升，6岁时约890毫升。一般混合性食物在胃里需要经过3～4小时才可消化及排空。同时胃液的分泌随儿童进食活动而有周期性变化。所以，既要避免暴饮暴食，两餐间隔也不要超过4小时，这样才可以为儿童建立合理的膳食制度（有定时的作息和进餐安排）以让其养成定时定量进食的习惯。又由于儿童胃腺分泌的消化液中含盐酸较少，消化酶的活性也比成人低，因而消化能力较弱。所以应经常给儿童制备营养丰富、容易消化的食物，使其少吃油炸和过硬的有刺激性的食物，米饭要比成人的软一些，菜要切得碎一些。

宝宝年龄愈小，肠的蠕动能力愈差，如果食物过于精细，就较易发生便秘。家长可以从添加辅食开始就注意给孩子安排含有膳食纤维和果胶的粗粮、薯类和蔬菜、水果，使其逐渐形成膳食习惯后，儿童就既不排斥蔬菜，也可享受平衡膳食维护健康的效果。考虑到儿童肾功能较差，膳食中汤、菜不宜过咸，以防止钠摄入过量带来心血管问题。

0～3个月：母乳，宝宝健康之源

Chapter 02

亲爱的妈妈们，给宝宝哺乳是一件快乐的事，你在培育一个小生灵，他是世上唯一完全依赖你的人，看着他慢慢成长，没有比这更值得你骄傲的事情了。

母乳——最营养的食品

母乳是新妈妈专门为宝宝精心“生产制作”的天然食品和饮料，其中含有新生宝宝成长所需要的全部营养成分。特别是初乳中含有大量的免疫活性细胞及多种免疫球蛋白，可避免宝宝受各种微生物的侵袭；母乳中的不饱和脂肪酸含量较高且颗粒小，最易于宝宝消化和吸收，并能诱发良好的食欲。

哺乳也要讲技巧

在母亲给宝宝哺乳时，母婴间的皮肤直接密切接触，宝宝对母亲语音的反应，眼神交换，对哺乳环境的定位、认识及对环境物品的感受等，都是促进宝宝认知发育和加深母婴亲情、增进母子依恋的重要环节。在哺乳过程中，宝宝中枢神经系统受到不同来源、不同层次信息的刺激，其内在能动性被调动起来，这不仅为宝宝大脑——中枢神经系统提供形体发展的条件以及促使其在协调等功能方面的发育，而且也使高级神经活动和心理发展有巩固的网络基础，并趋于健康、完善。

从第一口吸吮开始

新生儿出生后第1小时是个敏感期，且出生后20～30分钟，婴儿的吸吮反射最强。如果此时没能得到吸吮的体验，将会影响以后的吸吮能力。因此新生儿出生后母子接触的时间越早、越长，母子间感情越深，婴儿的心理发育也越好，而且新生儿敏感期又正是确立母子间感情联系的最佳时期，所以，要让新生儿在出生后1小时之内，就开始吸吮乳头，以尽早获得“物质和精神食粮”。

让宝宝吸空乳房

研究证明，哺乳时间达到10分钟时，几乎100%的乳汁已被宝宝吸吮出来了。不过妈妈在哺乳时应该让宝宝吃空一侧后，再吃另一侧，每次喂哺应该两侧乳房交替进行，并把剩余在乳房中的乳汁挤空。这样可以使妈妈乳汁分泌量增多，并可预防乳腺管的阻塞。

让宝宝吃得更舒服

哺乳并不强求某种固定姿势，只要母婴都感到舒适就行。坐姿、睡姿都可，有许多妈妈哺乳时，选择坐在低背椅上，或者背靠在床头上。在宝宝初生时，哺乳时变换不同的姿势，可使宝宝不会只坚持接受一侧乳房。同时，这也是防止一侧乳房上出现过渡疼痛的好办法。一般来说，妈妈给宝宝哺乳可采取坐势（坐在椅子上，将宝宝所吸乳房一侧的脚垫高，抱着宝宝哺乳）、半躺势（妈妈后背垫一枕头，将宝宝垫高紧靠乳房哺乳）等正确姿势。

防止宝宝溢奶

许多妈妈给宝宝哺乳后立即让其躺下，不注意宝宝睡觉的姿势，致使宝宝出现溢奶现象，甚至发生窒息。正确的做法是，妈妈给宝宝哺乳后，应先将他抱起，让他趴在母亲肩部，空心掌轻轻拍打宝宝背部，促使宝宝将吃奶时吸入胃里的空气排出来，然后再慢慢地将宝宝放平，睡觉的姿势以右侧卧位为好。

让宝宝健康“过百岁”

进入第3个月以后，宝宝就该过百天了，俗称“过百岁”，宝宝在这一时期生长发育是很迅速的，由于身体对营养的需求增大，食量会增加，不但吃得多，而且还吃得快，吞咽乳汁的时候还能听见咕嘟、咕嘟的声音，嘴角还不时地溢出奶液来。

妈妈营养好，宝宝吃得饱

母乳对宝宝来说至关重要，因此，新手妈妈一定要保护好自己的乳房，并想方设法来提高母乳的质量。由于母乳是由母体营养转化而成，所以新妈妈应多吃营养丰富而且容易消化的食物，如豆制品、蛋类、肉汤、排骨汤、鱼类等食物。哺乳期不宜吃腌菜、香料、油腻的食物，也不应该喝酒。乳量与食物营养有关，哺乳妈妈的饮食在于精而不在于多，生产后的饮食不宜过量，觉得较饱即可。

保护好宝宝的“营养仓库”

对于宝宝来说，妈妈的乳房就是他赖以生存和成长的“营养仓库”，新手妈妈一定要注意保护。妈妈每次哺乳后，可以在乳头上涂一点奶液，晾干后再戴上胸罩。胸罩不要过紧，以免对乳头过分摩擦。虽然新妈妈此时乳腺炎的发生率降低，但仍然有罹患的可能，乳房疼痛时要及时看医生，如伴有发热现象要及时检查。

Chapter 03 4～6个月：妈妈，我要吃辅食

宝宝在慢慢长大，他所需要的能量及营养素也在不断增加。渐渐的，妈妈的乳汁已经不能完全满足宝宝了。现在，是该添加辅食的时候了。

宝宝的第一口美食

对宝宝来说，辅食是以前未曾接触过的新食物，需要有一个适应的过程，因此应循序渐进，在数量和品种稳定的基础上逐渐增加。所谓循序渐进地添加辅食，一是从少到多逐渐增加，如蛋黄开始只吃1/4个，若无消化不良或宝宝拒吃现象，可增至1/2个。二是从稀到稠，也就是食物先从流质开始过渡到半流质，再到固体食物，逐渐增加稠度。三是从细到粗，如从青菜汁到菜泥再到碎菜，以逐渐适应宝宝的吞咽和咀嚼能力。四是从一种到多种，为宝宝增加的食物种类不要一下太多，不能在1～2天内增加2～3种。

辅食添加讲时机

4～6个月是给宝宝添加辅食的最佳时机，至于具体从什么时候开始，每个宝宝有所不同，妈妈要仔细观察宝宝传递出的开饭信号。

信号一：大人吃饭的时候宝宝有很“想要”的表情。

信号二：宝宝能够控制自己头颈部，接受妈妈喂的流质或半固体食物。

信号三：宝宝吃饱后能用转动头部、闭嘴、推开食物等动作表示“不要”。

新手妈妈喂养要领

由于宝宝已经吃惯了乳汁，习惯了奶嘴，妈妈怎样让宝宝更快更好地接受辅助食品，并学会用小汤匙喂，这里也有一个技巧问题。首先，辅助食品应在喂了一半母乳或配方奶的时候，在宝宝半饱的状态下喂养，这样，宝宝比较容易接受；另外，每次添加一种新食物，喂食都要从1匙开始，在匙内放少量食物，引导宝宝张嘴，然后把匙子轻轻放入宝宝舌中部，食物温度应保持室温或比室温略高一些。

根据季节和身体状态添加辅食

给4～6个月的宝宝喂辅食，爸爸妈妈一定要耐心，要根据宝宝的具体情况加以调剂和喂养。除了要按照前面所介绍的由少到多、由稀到稠、由细到粗、由软到硬、由淡到浓的原则外，还要根据季节变化和宝宝的身体状态添加。

[Mother & Baby]

4～6个月宝宝健康饮食小餐桌

香奶粥

材料

配方奶250毫升、大米60克。

做法

将大米煮至烂熟，去米汤，加入配方奶，小火煮成粥即可。

妈妈喂养经

牛奶营养丰富，易于消化吸收，将其做成粥能全面补充体力，很适宜身体比较弱的宝宝食用。当然健康的宝宝吃了，更能强身健体，增强身体免疫力，减少病毒侵袭。

米粉糊

材料

配方奶60毫升、米粉70克。

做法

两样材料调在一起，拌匀后即可喂食。

蛋黄泥

材料

鸡（鸭）蛋1个。

做法

将鸡（鸭）蛋煮熟后剥出蛋黄，食用时用勺压成泥状直接喂食，或加入配方奶，或添加到其他辅食中喂食。

菜汤

材料

蔬菜（如白菜、菜花、生菜、菠菜等）50克。

做法

1 将蔬菜洗净，在沸水中快焯一下即取出，切碎。
2 锅中倒适量水，大火烧沸，把菜碎倒入煮沸3～5分钟，取上层清汁为菜汤。

玉米汁

材料

新鲜玉米200克。

做法

1 将玉米煮熟，晾凉后把玉米粒掰到器皿里。
2 按1∶1的比例，将玉米粒和温开水放到榨汁机里榨汁即可。

香蕉粥

材料

香蕉 100 克、配方奶适量。

做法

1 香蕉去皮后，用勺子背面压成糊状。

2 把香蕉糊放入锅内，加入配方奶和适量温水混合均匀。

3 锅置火上，倒入香蕉牛奶糊，边煮边搅拌，5分钟后熄火即可。

奶香花生糊

材料

大米 50 克、花生仁 30 克、黑芝麻 20 克、配方奶 200 毫升。

做法

1 将黑芝麻、花生仁放入咖啡磨豆机中磨成粉末。

2 大米洗净放入水中浸泡1小时，放入锅中加清水焖煮。

3 在米煮烂时，加入配方奶以及花生芝麻粉，搅匀即可。

胡萝卜泥

材料

胡萝卜 500 克。

做法

胡萝卜洗净，去根须，放入清水锅中煮熟，取出捣烂即可。

妈妈喂养经

胡萝卜中丰富的胡萝卜素，对婴幼儿维持正常的视觉具有十分重要的作用。

鱼肉泥

材料

鲜鱼 1 条（选择时令鲜鱼）。

做法

1 将鱼宰杀，去鳞、内脏，洗净后，放入沸水焯烫，剥去鱼皮。

2 起锅，倒入适量水，放入鱼，大火熬10分钟至鱼肉软烂，剔除骨刺。

3 将鱼肉捣烂成细小颗粒即可。

红枣泥

材料

红枣 100 克。

做法

将红枣洗净，入锅加清水煮15～20分钟，至烂熟，去掉红枣皮、核，拌成泥状即可。

妈妈喂养经

红枣富含蛋白质、脂肪、钙、磷、铁、胡萝卜素以及丰富的维生素A、维生素B_2、维生素C及维生素P。中医认为，红枣是补血佳品。

小米粥

材料

小米 30 克。

做法

1 将小米用水淘洗干净。

2 锅置火上，把洗净的小米和适量清水放入锅内，用大火煮沸，再转小火煮25分钟，将粥熬至黏稠即可。

碎菜

材料

菠菜（油菜、白菜也可）50 克，植物油、葱花各适量。

做法

1 菠菜择洗干净，切碎备用。

2 锅内倒油烧热后，下入葱花炝锅，随即放入碎菜末，用大火急炒，待菜烂时即可。

磨牙面包条

材料

面包片 4 片、鸡蛋 1 个。

做法

1 鸡蛋打散，搅成蛋液。

2 将面包片切成细条状，裹上蛋液，放入烤箱内烤熟即可。

妈妈喂养经

宝宝在长到6个月左右时，因为要长牙，牙龈会发痒，所以需要给宝宝准备些可以磨牙的东西，帮助宝宝尽快度过“牙痒期”。

Chapter 04 7～8个月：把握出牙关键期

父母需把握好宝宝的出牙期，同时为宝宝断奶做好充分的准备：3个月前，先学会用奶瓶；4～5个月时，学会从小勺中吃半流质的辅食，如奶糕、菜泥等；7～8个月时，可逐步添加一些固体食物，根据宝宝吃辅食的情况及身体情况来决定断奶的时间，这样既符合宝宝的心理，又能使宝宝的胃肠消化功能逐渐适应。

宝宝辅食要多样化

7～8个月的宝宝以吃奶为主，到1岁左右应以吃饭为主。7～10个月是宝宝饮食的过渡时间，我们也把这整个时期称为宝宝的“断奶期”。宝宝断奶期的辅助食品可分为四大类，即谷类、动物性食品及豆类、蔬菜水果类、油脂和碳水化合物。

宝宝偏食怎么办

一般而言，越是味觉敏感的宝宝，越喜欢挑食，长此以往就养成了偏食的习惯。如果出现这种情况，爸爸妈妈可以试着改变食物花样来提高宝宝对食物的兴趣，比如把菜切成泥后放在粥中，喂粥给宝宝吃；或把食物做成宝宝喜欢的形状；或改变食物的颜色，使食物变得好看等。

提高宝宝吃功

宝宝长到7个月时，已经开始萌出乳牙，有了咀嚼能力，同时舌头也有了搅拌食物的功能，对饮食也越来越多地显示出个人的爱好。

宝宝可继续吃母乳，但因为母乳中所含的营养成分，尤其是铁、维生素、钙等已不能满足宝宝生长发育的需要，乳类食品提供的热量与宝宝日益增加的运动量不相适应，不能满足宝宝的需要。因此，无论是母乳喂养还是人工喂养的宝宝，都进入了断奶的中期了，奶量只保留在每天500毫升左右就可以了。在出牙时期，还要继续给宝宝吃小饼干、烤馒头片等，让他练习咀嚼。

调整宝宝饮食时间

宝宝8个月时，母亲乳汁的分泌开始减少，即使母乳的分泌不减少，乳汁的质量也开始下降，这时需做好断奶的准备。从这个月开始，每天给宝宝添加辅食的次数可以增加到3次，喂食的时间可以安排在上午10时、下午2时和6时。相应地，母乳喂养的次数要减少到2～3次，喂养的时间可以安排在早晨、中午和晚上临睡时。人工喂养的宝宝，此时不应再把奶作为宝宝的主食，需要增加辅食。

[Mother & Baby]

7～8个月宝宝健康饮食小餐桌

鱼泥粥

材料

鱼肉50克，米饭80克，牛奶、鱼汤各100毫升。

做法

1 将鱼肉炖熟后剔净刺，捣碎。
2 取鱼汤放入锅中，加米饭和鱼肉同煮。
3 煮稠后加牛奶转至小火继续煮一会儿，即可。

青菜泥

材料

青菜（或其他绿色蔬菜）80克、植物油少许。

做法

1 将青菜洗净去茎，菜叶放入沸水中焯一下，捞起，撕碎放在干净的钢丝筛上，将其捣乱，用勺压挤，滤出菜泥。
2 锅内放少许植物油，烧热后将菜泥放入锅内略炒即可。

土豆泥

材料

土豆80克、沸水少量（或牛奶适量）。

做法

将土豆洗净，切小块后置高压锅中煮沸放气一次，或在普通铁锅中煮沸后以小火再煮15分钟；取出后将土豆压碎，即成土豆泥；成泥后再加少量沸水或牛奶，上笼稍蒸后即可。

时蔬浓汤

材料

番茄、土豆各80克，黄豆芽、圆白菜各50克，胡萝卜30克，洋葱20克，高汤100毫升。

做法

1 黄豆芽洗净沥干；洋葱去老皮洗净，切丁；胡萝卜洗净，去皮，切丁。
2 圆白菜洗净，切丝；番茄、土豆去皮，切丁。
3 将高汤加水，煮沸后，放入黄豆芽、胡萝卜丁、洋葱丁、圆白菜丝、番茄丁和土豆丁，大火煮沸后，转小火慢熬，熬至汤成浓稠状即可。

炖鱼泥

材料

净鱼肉 50 克，白萝卜泥 30 克，高汤 100 毫升，葱花适量。

做法

1 将高汤倒入锅中，再放入鱼肉煮熟。

2 把煮熟的鱼肉取出去刺压成泥状，再入锅中加入白萝卜泥。

3 煮沸后，撒上葱花出锅即可。

番茄猪肝泥

材料

番茄 100 克、鲜猪肝 20 克、白糖少许。

做法

1 将鲜猪肝洗净，去筋，切碎成末；番茄洗净，去皮，捣成泥。

2 把猪肝末和番茄泥拌好，放入蒸锅，上笼蒸5分钟，熟后再捣成泥，加入少许白糖拌匀即可。

豆腐蛋黄泥

材料

豆腐 100 克，鸡蛋 1 个，盐、葱末各少许。

做法

1 豆腐放沸水中焯过，研成泥；鸡蛋煮熟后取蛋黄压成泥。

2 将豆腐泥和蛋黄泥混合在碗里，加入适量盐、葱末搅拌均匀即可。

青菜烂粥

材料

大米 30 克、青菜 100 克。

做法

1 大米洗净后浸泡约1小时，连水一起放入锅内用中火煮沸，转小火继续煮。

2 捞出米粒，将米捣碎成糊状，加入洗净切好的青菜末，同入锅中继续煮至熟烂即可。

白菜烂面条

材料

挂面 30 克、白菜末 10 克、生抽少许。

做法

1 挂面掰碎，放进锅里煮。
2 挂面煮沸后，转小火时加入白菜末一起稍煮，边捣边煮，大约5分钟后起锅加1滴生抽即可。

青菜肝末

材料

鲜猪肝 50 克、青菜叶 40 克。

做法

1 猪肝洗净，切碎；青菜叶洗净，用沸水焯烫后，切碎。
2 将猪肝碎放入锅内，加水煮沸后，加入青菜末即可。

妈妈喂养经

青菜肝末可以给宝宝补充多种维生素、蛋白质，很适合宝宝经常吃。可以当零食，也可以做正餐。

疙瘩汤

材料

面粉 50 克，胡萝卜 1/4 根，植物油少许。

做法

1 胡萝卜洗净，去皮，切细丝。
2 炒锅倒入油烧至八成热，放胡萝卜丝炒透，加水，大火煮沸。
3 将一碗面粉加少量水，会自然形成小颗粒，用筷子轻轻地把小面粒拨到锅里（这样做出来的面疙瘩非常均匀），煮熟即可。

豌豆蛋黄泥

材料

嫩豌豆 100 克、鸡蛋 1 个、大米 50 克。

做法

1 豌豆去豆荚，用搅拌机打成浆，或剁成蓉状。
2 鸡蛋煮熟捞起，在凉水中浸一下，取出蛋黄，压成蛋黄泥。
3 大米洗净，浸泡2小时左右，连水放入锅内，倒入豆蓉同煮至半糊状，拌入蛋黄泥焖5分钟即可。

Chapter 05 9～10个月：让宝宝顺利度过断奶期

对于9～10个月的宝宝来说，在饮食方面最重要的事就是断奶了。刚刚断奶后宝宝还不能正常进食，所以，要在宝宝习惯的各种辅食的基础上，逐渐增加新品种，使宝宝有一个适应的过程，逐渐把流质、半流质改为固体食品。这一时期的饮食调理非常重要，关系着以后的营养状况，所以值得爸爸妈妈关注。

三餐三点有讲究

由于宝宝的活动能力增强，让他坐着喂食就很不容易了，他会在吃饭的过程中去玩。为此，如何帮助宝宝养成良好的饮食习惯对于爸爸妈妈来说非常重要。

关于喂辅食究竟用多少时间合适，由于宝宝吃饭快慢不同，不能一概而论，重要的是宝宝是否吃得高兴。

对不喜欢吃粥的宝宝，即使花40～50分钟让他吃完饭碗里的粥，他也不会高兴地吃下去。如果用匙子把粥喂进宝宝的嘴里，他老是含在嘴里不往下咽，那就是不爱吃，这时喂餐时间30分钟就可以了。

在动物性食物方面，宝宝不吃鱼、鸡蛋、牛肉、猪肉等食物中的任何两种，都不会导致营养失调。即使宝宝不吃土豆，但只要吃米饭、面包、面条，也不会导致碳水化合物不足。在米饭、面包、面条中，只要吃其中一种，就不会出现热量不足。

从这个月龄开始至一周岁，宝宝的日常饮食要向三餐三点的模式靠拢，所谓三餐三点是指：

7点喝奶加些小点心。

9点半吃蒸鸡蛋（8个月前的宝宝不吃全蛋），补充鱼肝油。

11点半吃午餐（菜粥或是烂面条）。

14点半午睡后喝白开水、吃水果，补钙（偏瘦的宝宝可以加半瓶奶）。

17点半吃晚餐（菜粥或是烂面条）。

20点半吃睡前奶。

夜晚不提供奶。

改变宝宝的饮食规律

在宝宝9个月以后，可试着采用每天吃3次奶、2餐饭的饮食规律。一向吃母乳的宝宝，应逐渐让他习惯吃各种辅食，以达到增加营养、强健身体的目的。一旦让宝宝减少吃母乳的次数，就应该加些辅食了。主食应以粥和烂面条为宜，也可以吃些撕碎的软馒头块。辅食除鸡蛋外，可选择鱼肉、肝泥、各种蔬菜和豆腐。喝配方奶的宝宝，每餐的量不应少于250毫升。

适当增加固体食物

在这个时期，应该适当给宝宝吃些固体食物了。面包片、馒头片、饼干、磨牙棒等都可以给宝宝吃。许多宝宝到了这个月就不爱吃烂熟的粥或面条了，妈妈做的时候适当控制好火候。如果宝宝爱吃米饭，就把米饭蒸得熟烂些喂他。爸爸妈妈总是担心宝宝牙还没有长好，不能嚼这些固体食物，其实宝宝会借助牙床咀嚼，能很好地咽下去。

给宝宝固定的餐位和餐具

9个月的宝宝自己可以坐着了，因此，在给宝宝吃饭的时候，妈妈可以给宝宝准备一个婴儿专用餐椅，让宝宝坐在上面吃饭，如果没有条件，就在宝宝的后背和左右两边，用被子之类的物品固定，把这个位置固定下来，不要总是更换，有利于形成良好的进食环境。

不要让宝宝过量喝牛奶

有的宝宝只爱喝牛奶，不吃其他食品。爸爸妈妈也认为，宝宝喝的牛奶越多就越有营养，其实不然。牛奶中乳糖含量较多，宝宝摄入过量乳糖将影响消化、吸收，导致腹泻。牛奶中的磷含量过高，会“排挤”体内的钙元素，引发低血钙抽筋。牛奶含铁很低，吸收也差，仅为人奶的20%，喂牛奶过多会致使铁不足而发生贫血。因此，不要让宝宝过量喝牛奶。

添加辅食的注意要点

在辅食的添加过程中，爸爸妈妈应注意的要点。

有的妈妈把副食和粥放在一起喂，这种方法不科学，应该分开喂，让宝宝能够品尝到不同饮食味道。

在辅食添加中，爸爸妈妈不能机械照搬书本上的东西，要根据宝宝的饮食爱好、进食习惯等灵活掌握。

和大人一起吃饭的注意事项

有的宝宝喜欢和大人一起吃饭，也喜欢吃大人的饭菜。妈妈完全可以利用宝宝的这一特点，在大人午餐和晚餐时添加两次辅食。只要宝宝消化好，能和大人一起进餐是很好的事，同时，妈妈要注意以下几点：

在烹饪时，要选择适合宝宝胃口，饭菜要烂，少放食盐，不放味精、胡椒面等刺激性调料。

抱宝宝到饭桌上，一定要注意安全，热的饭菜不能放在宝宝身边，宝宝会把饭菜弄翻，比如热汤会烫伤宝宝。婴儿皮肤娇嫩，即使大人感觉不很烫的，也可能会把宝宝烫伤。

不要让宝宝拿着筷子或饭勺玩耍，可能会戳着宝宝的眼睛或喉咙。

有的宝宝就喜欢吃辅食，无论如何也不爱吃奶，就要多给宝宝吃些鱼、蛋、肉，补充蛋白质。

专家导航

减少宝宝对乳头的依恋

从这个月开始，妈妈要注意减少宝宝对乳头的依恋。如果乳汁不是很多，应该在早晨起来、睡前喂母乳。吃完饭菜或牛奶后，妈妈知道宝宝不会饿时，即使有吃奶的要求（妈妈抱着时，头往妈妈怀里钻，用手拽妈妈的衣服等），妈妈也不要让宝宝吸吮乳头。

宝宝断奶后的饮食

宝宝在10个月左右就可以准备断奶了。这时他们的饮食规律已初步形成，大部分固定为早、午、晚一日三餐，主要营养的摄取已由奶汁转为辅助食物。不过，完全断奶后，一定要注意宝宝的饥饱问题和饮食标准。辅助食物的种类可逐步加多，可让宝宝尝试吃多样食品。

应该让宝宝少吃的食品

爸爸妈妈在为宝宝准备食物的时候，一般应回避的食品有以下几种：

某些贝类和鱼类，如乌贼、章鱼、鲍鱼以及用调料煮的鱼贝类小菜、干鱿鱼等；蔬菜类，牛蒡、腌菜等不易消化的食物；香辣味调料，芥末、胡椒、姜、大蒜和咖喱粉等辛辣调味品。

另外，宝宝都爱吃巧克力糖、奶油软点心、软糖类、粉末状果汁等食品，这些食品吃多了对宝宝的身体不好，都不宜给宝宝多吃。

让宝宝愉快进餐

有的宝宝总是不好好吃饭，你可以试试以下方法，让宝宝更容易吃饭。

妈妈自己先吃。用夸张的方式吃饭，表现出你很喜欢食物的样子。如果他认为你喜欢的话，他可能也会想要尝试。

喂宝宝时，将一汤匙的食物放入他嘴里，同时拉抬起汤匙，他的上嘴唇于是会将汤匙内食物拦回，这样也有助于让食物留在他口中。

让他双手忙碌。有些宝宝会伸手想要自己拿汤匙，有些喜欢将液体倒在高脚椅的托盘上，有些喜欢让食物掉到地上。喂宝宝时，让他自己拿汤匙，使用能附着在托盘上的碗盘，这样它们就不会移动了。

掌握正确的断奶方法

在正式断奶期间，爸爸妈妈要掌握正确的方式。特别是父亲，不要以为断奶只是宝宝和妈妈之间的事。其实，在这个过程中，爸爸也起着关键的作用。

循序渐进的断奶

妈妈可以每天先给宝宝减掉一顿奶，辅助食品的量相应加大；过一周左右，如果妈妈感到乳房不太发胀，宝宝的消化和吸收情况也很好，就可再减去一顿奶，同时加大辅助食品量，逐渐向断奶过渡。刚减奶的时候，宝宝对妈妈的乳汁会非常依恋，因此减奶时最好从白天喂的那顿奶开始。在宝宝断掉白天那顿奶后，就可以慢慢断掉夜间喂奶，直至过渡到完全断奶。

断奶小建议

如果宝宝是跟妈妈睡一张床，那么在决定断奶的时候应该让他睡自己的床，或者跟家里的其他人一起睡。

只在宝宝主动要求吃奶的时候才喂他，而不主动提供，这个方法可以帮助他更顺利的接受辅食。改变一些生活常规。可以尝试回家后先带宝宝出去玩一会儿，而不要急着喂他。

争取家里其他人的帮助。如果宝宝的习惯是早晨醒来就要吃奶，那么妈妈可以试着在宝宝醒之前起床，然后让其他人来帮宝宝穿衣服和做起床后的事情。

在宝宝想起来要吃奶之前先给他一些替代物或者是能分散他注意力的东西，给他吃点辅食或者带他去喜欢的地方玩。

缩短喂奶的时间或者拖延喂奶的时间来调节他的断奶情绪。

断奶需要爸爸帮忙

在准备断奶时，要充分发挥爸爸的作用，提前减少宝宝对妈妈的依赖。断奶前，妈妈可有意识的减少与宝宝相处的时间，增加爸爸照料宝宝的时间，给宝宝一个心理上的适应过程。还可以把母乳挤出来，让爸爸用奶瓶喂，帮助宝宝一点点地适应。

预防断奶综合征

从宝宝8个月起，母亲的母乳开始减少，有些母亲的奶量虽然没有减少，但质量已经下降。此时，许多母乳喂养的妈妈便开始考虑给宝宝断奶了。从宝宝的发育上看，8～10个月也是断奶的最佳时期。但是，断奶过程并不简单，处理不好不但会让宝宝无法适应断奶期的生活，而且容易产生断奶综合征。

断奶综合征的成因

传统的断奶方式比较讲究效率，在短时间之内达到某种效果，但事实上，这种做法虽然可以取得表面收效，但并没有实质效果，宝宝往往需要独自承担断奶的不适应，身心俱伤。在宝宝断奶后缺乏正确的喂养，就会使宝宝的身体产生不良反应，如宝宝体内蛋白质缺乏，兴奋性增加，容易哭闹，哭声不响亮，细弱无力，有时还会伴随腹泻等症状。其中蛋白质摄入不足和精神上的不安，会使宝宝消瘦，抵抗力下降，易患发热、感冒等病。这些问题都是由于爸爸妈妈给宝宝断奶不当引起的不良反应，医学上称为断奶综合征。

断奶综合征的护理

当宝宝出现不适应时，不要因为哭闹就拖延断奶的时间。爸爸妈妈在坚持的同时还需要对宝宝进行情绪上的安抚，多抱抱他，与他说话、游戏，陪在他的身边。

断奶期的宝宝由于打乱了原有的饿了就吃奶的饮食规律，容易陷入饮食混乱中。如果能给宝宝正确添加辅食，则较容易自然断奶。

不要急着增加新的辅食，尤其是在宝宝身体不舒服的时候，千万不要强迫他进食新食物。可以通过改变食物的做法来增进宝宝的食欲，产生对食物的兴趣，不愿意吃的时候就拿开，但中间不要喂其他食物；每次的量不要多，保持少食多餐，逐渐让宝宝适应新的食物和饮食习惯后，再增加新的食物或者减少哺乳次数。

让宝宝习惯用餐具进食，可把母乳或果汁放入小杯中用小勺喂宝宝，让他知道除了妈妈的乳汁还有很多好吃的美味。当宝宝习惯于用勺、杯、碗、盘等器皿进食后，他会逐渐淡忘从前在妈妈怀里的进食方法。

如果宝宝出现比较严重的症状，比如身体发育迟滞、情绪焦虑等等，在这样的情况下，要请求医生的帮助。

训练宝宝的咀嚼能力

咀嚼能力差，对于宝宝未来的进食习惯、营养吸收以及牙齿发育都会有影响，因此，爸爸妈妈应从添加辅食开始，就要特别注意宝宝咀嚼能力的训练。

咀嚼的重要性

咀嚼能力需要渐进发展，但是咀嚼能力的完成，是需要舌头、口腔、牙齿、脸部肌肉、嘴唇等配合，才能顺利将口腔里的食物磨碎或咬碎，进而吃下食物。所以，咀嚼能力是宝宝整个口腔长时间练习的功课，才能达到良好的能力。如果爸爸妈妈没有积极训练宝宝的咀嚼能力，并忽略提供各个阶段不同的副食品，等宝宝长大点了，爸爸妈妈就会发现宝宝因为没有良好的咀嚼能力，而无法咀嚼较粗或较硬的食物，有可能造成营养不均衡、挑食、吞咽困难等问题。

训练重点

妈妈可以提供更为多样化的副食品，并让副食品的形状更硬或更浓稠些。提供宝宝一些需要咀嚼的食物，以培养宝宝的咀嚼能力，并能促进牙齿的萌发。

妈妈除了喂宝宝吃食物之外，如果宝宝已长牙，也要提供宝宝一些自己手拿的食物，例如水果条或小吐司。

因为长牙，宝宝可能会觉得不舒服，建议妈妈准备几个不同感觉的固齿器，除了可以让宝宝磨磨牙之外，也能帮助咀嚼能力的发展。

专家导航

生活中处处都是磨牙食品

有很多爸爸妈妈认为只有磨牙饼干、磨牙棒才是专门用来练咀嚼的，殊不知平平常常的膳食中有很多可以用来磨牙的食物。比如把馒头切成1厘米厚的片，放在锅里烤一下，不要加油，烤至两面微微发黄、略有一点硬度，而里面还是软的程度，这就是很好的练习咀嚼的食物。还有米汤、稀粥、稠粥、馄饨、包子、饺子、软饭、菜末、肉末等都是让宝宝练咀嚼的食物。

虾仁粥

材料

大米20克，虾仁50克，芹菜、胡萝卜、玉米粒、盐各适量。

做法

1 将虾仁去除沙线，洗净，沥水，切成碎末；芹菜洗净，切末；胡萝卜去皮，洗净，切末；玉米粒洗净，切碎；大米淘洗干净，入清水中浸泡3小时。

2 将大米加入适量清水煮沸，转小火，边搅拌边煮15～20分钟至稠状，加入芹菜末、胡萝卜末、虾仁碎和玉米碎，继续煮1～2分钟，加盐调味即可。

磨牙小馒头

材料

面粉50克、牛奶100毫升、发酵粉适量。

做法

1 将面粉、发酵粉、牛奶和在一起揉匀，放在面盆里饧。

2 将饧好的面团揉匀，然后切成等量的5份，揉成小馒头生坯。

3 将馒头生坯放入蒸锅，大火蒸15分钟至熟即可。

黄瓜蒸蛋

材料

鸡蛋1个、去油鸡汤40毫升、黄瓜50克。

做法

1 将鸡蛋打成蛋液，加入去油鸡汤搅拌均匀，备用。

2 黄瓜顺长剖开，挖瓤，洗净，整个入沸水煮5分钟，取出，以铝箔纸包覆底部，备用。

3 蛋汁倒入黄瓜中，放进蒸锅里，用小火蒸10分钟，取出切斜段即可。

胡萝卜豆腐泥

材料

胡萝卜、嫩豆腐各50克，鸡蛋1个。

做法

1 胡萝卜洗净、去皮，放锅内煮熟后，切成小丁。

2 另取一锅，倒入水和胡萝卜丁，再将嫩豆腐边捣碎边加进去，一起煮。

3 煮5分钟左右，汤汁变少时，将鸡蛋打散加入锅里煮熟即可。

蛋皮鱼卷

材料

鸡蛋皮2张，鱼肉泥60克，葱末、姜汁各适量。

做法

1 鱼肉泥用葱末、姜汁调味，蒸熟。
2 取鸡蛋皮摊在砧板上，再将熟鱼泥摊上，小心卷起成蛋卷，切小段，装盘即可。

虾末菜花

材料

菜花50克、虾仁20克、白酱油少许。

做法

1 菜花洗净，掰小朵，放入沸水中煮软后切碎。
2 虾仁洗净，去沙线，放入沸水中焯熟，捞出，切碎，倒在菜花上，加入白酱油拌匀即可。

肉松

材料

猪瘦肉适量。

做法

1 瘦肉洗净切小块后，加水小火煮熟，捞出，剁碎。
2 取净锅置火上，放瘦肉在锅中边炒边焙至干即可。制作辅食时，加入粥、饭、面中食用。

火腿藕粥

材料

藕、火腿各50克，米粥100克，高汤50毫升。

做法

1 藕洗净，去皮，切碎；火腿切丁。
2 将火腿丁、藕碎放入高汤煮20分钟左右，倒入米粥再焖一会儿即可。

小白菜玉米粥

材料

小白菜、玉米面各 50 克。

做法

1 小白菜洗净，入沸水中焯烫，捞出，切成末。

2 用温水将玉米面搅拌成浆，加入小白菜末，拌匀。

3 锅置火上倒水煮沸，下入小白菜末玉米浆，大火煮沸即可。

三角面片

材料

小馄饨皮 4 张、青菜 50 克、高汤 100 毫升。

做法

1 小馄饨皮用刀拦腰切成两半后，再切一刀，成小三角状。

2 青菜择洗干净，切碎末。

3 锅置火上，倒入高汤煮沸后下入三角面片，再次煮沸后放入青菜碎末煮沸即可。

酸奶香米粥

材料

香米 50 克、酸奶 50 毫升。

做法

用香米煮成极烂的粥，晾凉后加入酸奶搅匀即可。

菠菜面

材料

鸡蛋面 18 根，菠菜 50 克，水发香菇、水发黑木耳各 5 克，高汤 100 毫升。

做法

1 将鸡蛋面切成小段；菠菜择洗干净，用沸水焯后沥水，剁碎；水发香菇、水发黑木耳分别洗净，香菇去蒂切碎，水发黑木耳撕碎。

2 锅置火上，加入高汤和水，煮沸后，放入鸡蛋面和菠菜碎，再次煮沸后，放入香菇碎和木耳碎，转小火焖煮至烂即可。

紫菜粥

材料

紫菜5克、银鱼20克、熟芋头10克、绿叶菜末少许、稠粥150克。

做法

1 紫菜撕成小块，用沸水焯熟；银鱼用沸水焯熟，切碎；熟芋头压成芋头泥。
2 将稠粥倒入锅中，加入焯熟的紫菜、银鱼以及芋头泥、绿叶菜末，置中火上煮沸后即可。

双色豆腐

材料

豆腐20克，猪血豆腐25克，鸡汤、盐、葱末各适量。

做法

1 将猪血豆腐、豆腐分别洗净，切成小块，放入沸水锅中煮沸后，捞出沥水。
2 锅置火上，放入鸡汤、葱末用中火煮至黏稠，加盐对成芡汁。
3 将材料码在盘子里，倒入芡汁即可。

胡萝卜鸡蛋碎

材料

胡萝卜50克、熟鸡蛋1个、生抽少许。

做法

1 胡萝卜洗净，上锅煮熟后，切碎。
2 熟鸡蛋去壳，切碎。
3 将胡萝卜碎和鸡蛋碎混合搅拌，滴入生抽即可。

妈妈喂养经

胡萝卜中所含的胡萝卜素可以保护宝宝的呼吸道免受感染，对宝宝的视力发育也很有好处。

Chapter 06 11～12个月：给宝宝最科学的营养餐

11～12个月的宝宝接受食物、消化食物的能力增强了，一般的食物几乎都能吃了，这时候的宝宝，有时还可以与爸爸妈妈吃同样的饭菜了。

11～12个月宝宝的喂养要点

快到1周岁时，宝宝能吃的食物越来越多，但还是建议妈妈另外给宝宝单独做食物。

这一时期宝宝已长出了几颗乳齿，他已会用牙龈咬东西，食物不需要剁碎或是磨碎，应该有一定的硬度，其硬度相当于肉丸子即可。爸爸妈妈在做肉或鱼时可以撕成小片，蔬菜可切成片或是丝，面包可烤给宝宝吃。

宝宝仍处于继续快速生长阶段，12个月的时候，宝宝可以吃接近成人的食品了，如：软饭、烂菜（指煮得烂一些的菜）、水果、小肉肠、碎肉、面条、馄饨、小饺子、小蛋糕、蔬菜薄饼、燕麦片粥等。但蔬菜要多样化，以逐步取代母乳或牛奶，使辅助食品变为主食。

也可以在两餐之间给宝宝加一些点心或小零食，但要注意食物的营养价值，容易被消化的食物，而且不要影响宝宝的正餐。

除了辅助食物外，仍要保证宝宝每天饮用的配方奶量在400～500毫升。为宝宝提供完整及均衡的营养，满足其营养需求。

注重规律的饮食习惯

给宝宝用餐就要按时按点，不能因为大人的原因省略正常的进食。因为宝宝需要充分的营养，少了正餐或点心都会导致血糖降低，进而导致宝宝情绪不稳定。

尤其是学步期间的宝宝，由于活动量增大，消耗多，这就需要活动后添加点心来补充热量，但往往宝宝吃了点心后又可能不好好吃正餐，所以在这种情况下，在给宝宝吃点心时，就不要让宝宝吃得太多，具体以宝宝能够正常吃正餐为原则。

补充营养的注意事项

爸爸妈妈在给宝宝补充营养时，要注意的问题。

豆制品

虽然含有丰富的蛋白质，但是所补充的主要是粗质蛋白，婴儿对粗质蛋白的吸收利用能力差，吃多了，会加重肾脏负担，最好一天不超过50克豆制品。

断奶不断奶制品

快1岁了，从以乳类为主食的时期，开始逐渐向正常饮食过渡，但是，这并不等于断奶。即使不吃母乳了，每天也应该喝牛奶或配方奶。如果每天能保证500毫升牛奶，对婴儿的健康发育是非常有益的。

高蛋白不可替代谷物

为了让婴儿吃进更多的蛋肉、蔬菜、水果和奶，就不给宝宝吃粮食的做法是错误的。婴儿需要热量维持运动。粮食能够直接提供婴儿所必需的热量，而用蛋、肉、奶提供热量，需要一个转换过程。在转换过程中，不但增加体内代谢负担，还可能产生对身体的危害。

额外补充维生素

宝宝1岁了，户外活动多了，也开始吃正常饮食了，不爱吃蔬菜和水果的婴儿维生素可能会缺乏，粮食、奶和蛋肉中也含有维生素，所以婴儿一定要均衡膳食。

爱上纯天然食品

从一定意义上讲，人工处理过的食物，有时甚至比养分流失的食物更无益，所以说天然而未经处理的食物最能保存其营养价值。由于宝宝的身体还未发育成熟，对食物的代谢比不上成人迅速，因此，人工添加物等物质，可能会给宝宝造成身体上的伤害。

无论采取什么手段加工和烹饪菜肴，所用食品的营养价值在处理过程中，都难免会流失一部分。因此，爸爸妈妈在为宝宝准备适合的菜肴时，应选择最新鲜的原料，多用蒸、煮等最简单的方式，少用或不用煎、炸、烤，这才是最佳的饮食加工和烹饪方式。

如何给宝宝吃鱼

给宝宝喂鱼，最大的顾忌莫过于宝宝被鱼刺卡喉，所以许多爸爸妈妈都“谈鱼色变”，不敢轻易喂鱼给宝宝吃。其实掌握了正确的方法，去尽鱼刺，可解除这种顾虑。鱼肉细嫩，氨基酸含量丰富，较其他肉类、蛋类等更易消化，对宝宝更为适宜。下面向爸爸妈妈介绍几种简单的鱼肉制作方法。

生鱼泥的制法

取较大少刺的鲜鱼，去皮后用刀在鱼肉丰厚的中段直接刮取酱样鱼泥，可加入粥或面条煮吃。

熟鱼泥的制法

取较大少刺的鲜鱼，取中段一块蒸熟去皮去刺后，在碗内捣碎成泥，加入适量调味品，即可直接喂服。每日可给宝宝喂鱼泥1～2次，每次2～3汤勺（1汤勺约15毫升）。

胖宝宝和瘦宝宝的营养菜单

在宝宝的日常饮食方面，爸爸妈妈要根据宝宝的胖瘦情况制定菜单。

胖宝宝的营养菜单

多选富含维生素的食品。如维生素A、维生素B_6、维生素B_{12}等。最新研究表明，有些宝宝发胖是因缺乏这些维生素造成的，因为它们在人体脂肪分解代谢中具有重要作用，一旦摄入不足就会影响机体能量的正常代谢而使之过剩，形成肥胖。

补足钙元素。多给宝宝吃豆制品、海产品、动物骨等高钙食物。胖宝宝由于体重超标，体液增多，对钙的需求量增大，若不补足，会较容易患上佝偻病。

足量饮水。这不仅是宝宝本来就旺盛的代谢所需，也是维持他正常体重的一个条件，因为体内过多的脂肪需在水的参与下，才能散失。

瘦宝宝的营养菜单

瘦弱的宝宝常常有食欲差，食后腹泻、呕吐等现象，中医称为疳积，是因为脾胃功能虚弱所致。

膳食宜多安排补脾胃、助消化的食物，如：山药、扁豆、莲子、茯苓等。

多用以水为传热介质的烹饪方法。如：汤、羹、糕等。少用煎、烤等以油为介质的烹调方式。

注意食有节制。防止过饱伤及脾胃，从而使宝宝始终保持旺盛的食欲。

纠正宝宝偏食的习惯

儿童营养专家调研结果发现，中国大约有2/3的儿童都有特别偏爱或者拒绝吃某种食物的习惯。这种偏食习惯如不及时纠正，会造成营养摄取不均衡，甚至体弱多病。尤其在婴幼儿时期，生长发育迅速，各组织器官尚未成熟，对营养的需求较多，需特别注意。

偏食的原因

爸爸妈妈及家庭的饮食习惯一定会对宝宝的偏食造成影响。因为宝宝的模仿力强，若模仿对象中有偏食现象时，往往无形中会影响宝宝不吃或讨厌某种食物，而表现出偏食的状况。

纠正偏食的策略

改变食物的外观。许多宝宝因为之前的经验，一旦觉得某种食物难吃，下次就不愿意再加以尝试了。妈妈可

专家导航

爸爸妈妈对待宝宝偏食的态度

每个宝宝都可能有不同程度的偏食，爸爸妈妈越强行纠正，宝宝可能会越反感，因此，建议爸爸妈妈不宜强迫宝宝进食，否则可能适得其反。宝宝对于新的食物，一般要经过舔、勉强接受、吐出、再喂、吞咽等过程，大约反复5～15次才能接受。爸爸妈妈应耐心、少量、多次的喂食，并给予宝宝更多的鼓励和赞扬。

以尝试将他讨厌吃的东西切碎、磨成泥、打成汁或以模型切割等方式改变形状，再加入其他食物一起烹调，而吸引宝宝进食。

改变烹饪方式。同样的食材变换不同的烹饪法、运用多样化的组合，在菜色的颜色、口感上作调整，会让宝宝觉得很有趣，也更具吸引力。

去除特殊的味道。有一些味道较强烈的食物，如青椒、胡萝卜、羊肉、海鲜类等，虽然有营养，却得不到宝宝的青睐。

所以爸爸妈妈不妨多花点心思改变烹调的方式，如加柠檬或姜去鱼腥味；处理青椒时，不仅要把内部清洗干净，还要记得用水泡洗。

巧为宝宝补充水果

快满1周岁的婴儿吃水果，一般只要削了皮就能吃了。也有一些细心的妈妈把水果切碎了给宝宝吃，但婴儿一旦记住了嚼食果肉的快感后，就不喜欢吃这种切碎的水果了。

怎样给宝宝吃水果

对婴儿来说，没有什么特别好的水果，只需要为宝宝提供既新鲜又好吃，价格也便宜的水果就可以。

西瓜、葡萄的子是一定要去掉的。苹果的果肉太硬，要切成薄片后喂给婴儿。香蕉、梨和桃也可以给婴儿吃。

吃了西瓜等水果，无论是在婴儿多健康的时候，在大便中都可以见到像是原样排出来的东西。虽然排出了带颜色的东西，爸爸妈妈也不要认为是消化不良，这主要是婴儿的胃肠消化功能还不完善的结果。

补充维生素C

如果婴儿不爱吃水果却喜欢吃蔬菜，那么婴儿不至于缺少维生素。但若是婴儿既不爱吃水果又不爱吃蔬菜，那就要给他每日补充30克的维生素C。

爱吃鸡蛋和牛奶的婴儿，不必服用复合维生素，可把维生素C片磨碎后喂他即可，也可以把维生素C片磨碎后放入酸奶中让婴儿饮用。

夏季怎样自制果汁

婴儿每日需要一定的水分，尤其是在炎热的夏季，由于出汗较多，水和维生素C、B族维生素丢失较多，所以要给婴儿补充适量的牛奶、豆浆和天然果汁。果汁以番茄汁和西瓜汁为好，能清热解暑。

将新鲜西瓜切成小块，剔除瓜子后，放入洁净纱布中挤汁。做番茄汁时先将番茄洗净，放入沸水中烫泡，过凉后剥去皮，切成块状榨汁。

让宝宝习惯用杯子喝水

1岁前，就要慢慢训练宝宝用杯子喝水了。宝宝自己用杯子喝水，不仅可以训练其手部小肌肉，发展其手眼协调能力，而且能够提早让宝宝脱离使用奶瓶的习惯。

过渡训练

妈妈先用手持奶瓶，并让宝宝试着用手扶着，再逐渐放手。接着可以尝试逐渐脱离奶瓶，在爸爸妈妈的协助下用鸭嘴杯、小杯子等学习杯喝东西。此时，宝宝的眼睛和手、手腕、手肘之间已有了很好的协调，就可以用吸管杯或自己抓住杯子两边或杯子的握把喝水，但如果出现吸管质量不够好伤到宝宝稚嫩的口腔、吸水时进空气打嗝等现象，也可以跳过这个阶段。使用这种过渡训练的方式，让宝宝学会独立使用杯子。

训练方法

先给宝宝准备一个不易摔碎的塑料杯或搪瓷杯，如带吸嘴且有两个手柄的练习杯不但易于抓握，还能满足宝宝饮水方式。

让宝宝割舍奶瓶，训练新的饮食习惯，一定会出现许多问题，如拒绝用杯子喝水或将水倒得满地都是，爸爸妈妈不要怕水洒在地上或怕弄脏了衣服等而停止宝宝用杯子喝水，这样会挫伤宝宝的积极性；应耐心的引导和鼓励宝宝，让他体会到自己喝水的成就感。

宝宝不爱吃蔬菜的对策

别小瞧了蔬菜，它对宝宝的生长发育作用非凡，不爱吃蔬菜会使宝宝维生素摄入量不足，发生营养不良，影响身体健康。如果宝宝从小吃蔬菜少，偏爱吃肉，长大后就很可能不太容易接受蔬菜，那时再纠正这习惯就不太容易。

从小让宝宝爱上蔬菜

蔬菜不仅含有丰富的营养，而且它还能在咀嚼中给宝宝提供丰富的口感体验。一般而言，幼年时对食物的种类尝试得越多，成年后对生活的包容性就越大，适应环境的能力也越强。

为宝宝做榜样

爸爸妈妈应带头多吃蔬菜，并表现出津津有味的样子。千万不能在宝宝面前议论自己不爱吃什么菜，什么菜不好吃之类的话题，以免对宝宝产生误导。

注意改善蔬菜的烹调方法

给宝宝做的菜应该比为大人做的菜切得细一些，碎一些，便于宝宝咀嚼，同时注意色、香、味、形的搭配，增进宝宝食欲。也可以把蔬菜做成馅，包在包子、饺子或小馅饼里给宝宝吃，宝宝会更容易接受。

培养宝宝独立吃饭

当爸爸妈妈看到别人的宝宝坐在餐桌前，胸前系着围兜，手里握着勺子，张大嘴巴，认真吃饭时，一定羡慕极了。“哎呀，这个宝宝真乖，这家大人真是太省心了。我的宝宝要能这样就好了。”其实，要想让宝宝学会自己吃饭，也不是一件很难的事，只不过要讲究一点策略。

把勺子交给宝宝

给宝宝喂饭最头痛的问题莫过于他总是要抢勺子。如果爸爸妈妈失去耐心，甚至对宝宝大吼大叫，或者当即没收给宝宝的这项特权。宝宝只有干着急，甚至有些胆子小的宝宝，学习吃饭的热情就这样被浇灭了。

聪明的妈妈会这样做，先给宝宝戴上大围兜，在宝宝坐的椅子下面铺上塑料布或报纸。刚开始时，给宝宝一把勺子，自己拿一把，教他盛起食物，喂到嘴里，在宝宝自己吃的同时喂给他吃。用较重的不易掀翻的盘子，或者底部带吸盘的碗。在宝宝成功时，给予积极的鼓励。

循循善诱

如果宝宝的依赖性很强，可采取这样的做法，连续几天给宝宝做他最喜欢吃的饭菜，把饭菜盛好放在宝宝面前，爸爸妈妈暂时离开几分钟，然后再回到宝宝身边。如果宝宝能吃上几口，则给予表扬，鼓励他继续吃完；如果宝宝仍不愿意自己吃，也不要对宝宝发火，要帮助他把饭吃完。几天之内多次重复这种方法后，宝宝饿了自然会自己拿起餐具吃饭。

宝宝吃饭也可爱

这时的宝宝特别喜欢把手伸到菜盘子里去抓菜，把菜、汤撒在桌上。这并不是他不好好吃饭的表现，他只是在试验食物的感觉。与此同时，他可能把嘴张得大大的，等着妈妈去喂他。所以千万不要大声呵斥。不过，如果他想把盘子整个儿掀翻，可以暂时把盘子拿开，或者结束喂饭。

[Mother & Baby]

11～12个月宝宝健康饮食小餐桌

虾菇油菜心

材料

鲜香菇10克，鲜虾仁50克，油菜心80克，植物油、蒜末各少许。

做法

1 将鲜香菇洗净，去蒂，切碎；鲜虾仁去沙线，洗净，切碎；油菜心洗净，切碎。

2 锅置火上，倒植物油加热后放蒜末炒出香味，依次加入香菇碎、虾仁碎、油菜心碎煸炒，炒出香味后即可。

土豆胡萝卜肉末羹

材料

土豆泥20克，胡萝卜50克，猪肉末30克，生抽、香油各适量。

做法

1 胡萝卜洗净切块后，放入搅拌机中打成浆，与土豆泥以及肉末混合。

2 将土豆胡萝卜肉末糊放在盘子里，上锅蒸熟，加1滴生抽、1滴香油即可。

小白菜鱼丸汤

材料

小白菜50克、鱼丸4个、猪骨高汤50毫升。

做法

1 小白菜洗净，切碎；鱼丸切碎。

2 用锅将高汤煮沸后，放入切碎的鱼丸再次煮沸，下入小白菜碎，煮5分钟即可。

土豆蛋白糕

材料

土豆泥50克，鸡蛋1个（取蛋清），面粉30克，发酵粉、白糖、鲜牛奶各少许。

做法

将白糖、面粉、发酵粉、蛋清、鲜牛奶与土豆泥用力拌匀，放盘内，上锅蒸20分钟即可。

新鲜水果汇

材料

黄桃果肉、芒果果肉、火龙果果肉各10克，香蕉30克，牛奶40毫升。

做法

1 将各种水果果肉分别切成小丁。

2 将水果丁装盘，淋上牛奶即可。

五彩煎蛋

材料

鸡蛋1个，菠菜50克，土豆泥10克，番茄60克，洋葱末10克，牛奶、植物油各少许。

做法

1 把番茄用热水烫去皮后，切碎；菠菜洗净，用沸水焯过，切成菠菜碎。
2 鸡蛋在碗里打散，加牛奶搅拌均匀。
3 植物油放平底锅内烧热，下入土豆泥、菠菜碎、洋葱末和番茄末，炒出香味后，把鸡蛋液倒入，煎熟即可。

生菜肉卷

材料

生菜叶20克、牛肉50克、鸡蛋1个。

做法

1 生菜叶洗净后，放到沸水中焯烫过，沥干水。
2 牛肉剁成肉泥；鸡蛋磕入碗中，拌入牛肉泥调匀。
3 用生菜叶将调好的牛肉泥包好，做成生菜卷，上锅蒸熟，切段即可。

鱼泥馄饨

材料

鱼泥50克，小馄饨皮6张，韭菜末（或白菜末），生抽、香菜末、紫菜末各适量。

做法

1 将鱼泥加韭菜末做成馄饨馅，包入小馄饨皮中，做成馄饨生坯。
2 锅内加水，煮沸后放入生馄饨，煮沸后，倒少许生抽再煮一会儿，至馄饨浮在水上时，撒上香菜末、紫菜末即可。

时蔬肉饼

材料

猪肉末、菠菜泥各50克，土豆泥80克，番茄60克，芹菜末20克。

做法

1 番茄去皮、子，切碎。
2 将所有材料混合，搅拌均匀，做成肉饼，上锅蒸熟即可。

影响宝宝大脑发育的食物

从宝宝还处于胎儿时期开始，父母就想尽一切办法给宝宝增加营养，希望将来的宝宝健康、聪明。宝宝出生之后的食谱更是成了家里的头等大事。应该给幼小的宝宝吃什么？怎么吃？很多父母不惜一切代价给宝宝买昂贵的营养品，但却忽略了平时普普通通的食物中蕴涵的大学问！本文将介绍几种有助于宝宝大脑发育的食物，还会告诉爸爸妈妈会损害宝宝脑部发育的食物，为你的宝宝健康成长护航。

◆ 促进宝宝大脑发育的食物

01 黄花菜

黄花菜被专家称为“健脑菜”，它具有安神作用。黄花菜中含有的蛋白质、脂肪、钙、铁是菠菜的 15 倍。宝宝常吃黄花菜对健脑非常有益。

02 蛋类

无论是鸡蛋、鸭蛋还是鹌鹑蛋，对宝宝来说都是很好的健脑食品。因为蛋类不仅是极好的蛋白质来源，而且蛋黄中的卵磷脂经吸收后释放出来的胆碱，能合成乙酰胆碱，乙酰胆碱能显著增强宝宝的记忆力。此外，蛋黄中铁、磷的含量较高，也有利于宝宝的脑发育。

03 鱼类

鱼肉含大量不饱和脂肪酸，还含有丰富的钙、磷、铁及维生素等，这些都是宝宝脑部发育所必需的营养。经常吃鱼也可以增强和改善宝宝的记忆力。但宝宝食用时，要注意别让鱼刺卡住宝宝的喉咙。

04 大豆

大豆含优质蛋白和不饱和脂肪酸，是脑细胞生长和修补的基本成分。适量地给宝宝吃一些大豆，可以增强和改善宝宝的记忆力，促进宝宝大脑发育。

05 核桃仁

核桃仁有益血补髓、强肾补脑的作用，能很好地促进宝宝大脑的健康发展。父母可以炖核桃粥给宝宝吃，但因为核桃仁含油脂较多，不易消化，所以一次不宜多吃。

06 牛奶

每 100 毫升牛奶含蛋白质 3.5 克、钙 125 毫克。牛奶中的钙有调节神经、使肌肉兴奋等功用。早饭后喝一杯牛奶，有利于改善认知能力。

随着生活水平的不断提高，父母可以给宝宝提供的食谱也逐渐丰富了起来。但其实有许多食品是不适合宝宝多吃的，宝宝多吃以后会损害大脑，影响脑部的发育。下面列出的就是不能多给宝宝吃的食物。

◆ 损害宝宝大脑的食物

01 含铅食物：爆米花、松花蛋

铅是脑细胞的一大“杀手”，食物中含铅量过高会损伤大脑，引起智力低下。比如爆米花，有的父母在带宝宝逛公园或者游乐园的时候，会给宝宝买爆米花吃。殊不知由于爆米花在制作过程中，机罐受高压加热后，一部分表面的铅会变成气态铅附着在爆米花表面，所以常吃爆米花容易引起宝宝智力低下。再比如松花蛋，松花蛋在制作过程中，需要有氧化铅和铅盐，而铅具有极强的穿透能力，所以宝宝吃松花蛋也会影响智力。

02 含过氧脂质的食物：煎炸食物、腌制食品

研究表明，油温在 200℃以上的煎炸类食物及长时间暴晒于太阳下的食物中均含有大量的过氧脂质，如果人体长期摄入，将会导致体内代谢酶系统受损，引起大脑早衰或痴呆。所以父母应该少给孩子吃油炸鸡腿、鸡翅之类的食品。

03 糖精、味精含量较多的食物

如果在日常生活中食用糖精过多，就会损害大脑细胞组织。医学专家给出了 1 周岁以内的宝宝禁食糖精的意见。另外，一周岁以内的宝宝食用味精有引起脑细胞坏死的可能，所以味精也是少吃为好。

04 过咸食物：食盐、咸菜

宝宝对食盐的生理需要极低，因此宝宝每天的食盐摄入量应该控制在 4 克以下。如果父母经常给宝宝吃过咸的食物，会损伤宝宝的动脉血管，影响其脑组织的血液供应。宝宝的脑细胞会因为长期处于缺血缺氧状态而造成智力迟钝、记忆力下降。所以，宝宝的食物建议以清淡为主。

最后，祝愿天下所有的宝宝都能健康成长，平安快乐！

Part 03

育儿专家推荐的宝宝健康护理法

做宝宝最好的家庭医生

Chapter 01 细节护理决定宝宝健康

在宝宝成长的过程中，爸爸妈妈要做宝宝最好的家庭医生，这就需要爸爸妈妈掌握基本的婴幼儿健康常识和护理方法。例如如何对宝宝进行健康监测、如何正确地进行日常护理、如何处理宝宝出现不适症状以及如何在宝宝生病时进行家庭护理与食疗。只有掌握了这些知识，爸爸妈妈才能在宝宝的日常保健中不会手忙脚乱、不知所措。

由于0～1岁的宝宝还不会说话，当身体出现不适时无法用言语来表达。爸爸妈妈要掌握一些监测观察宝宝健康状况的方法，以便及时发现宝宝的健康隐患。宝宝的呼吸、体温、脉搏、食欲等基本状况中，往往隐含着健康的信息，爸爸妈妈要注意观察，及时发现宝宝的异常状况。

身体状况

如果宝宝精神状况良好，脸色也正常，食欲旺盛，那么即使有点异常，大多也都是轻症，不必担心。

不饥饿，尿布也不湿，但却一味哭闹的婴儿，或者每天在室外都玩得很好却突然躺在家里不愿意出去的婴儿，处于这种状态一定是精神不好或有不舒服的状况，一般都会有某处的疼痛或疲倦等症状。

爸爸妈妈如果对宝宝平时的情况很熟悉的话，可以从脸色和气色上发现有病时的异常状态。比如眼睛没神、皮肤的颜色不好、嘴唇的颜色不好等状态，与平时相比是很重要的。婴儿在身体不舒服的时候，逗他也不笑，甚至耷拉着脑袋，昏昏入睡，这时尤其要引起注意。在发觉与平时不同的情况时，要看一下有无饥饿、困倦、疲劳等生理上的原因，一旦确定有异常情况，要立即去医院看医生。

体温高低

如果发现婴儿面色潮红，手放在头上感到有些热，应及时为婴儿量一下体温。一般的儿科医生把37.4℃以内都看做是正常体温，而在超过38℃时才是发热，有必要去医院看医生。在去医院之前，需观察以下几点：有无咳嗽和流鼻涕；有无腹泻和呕吐；有无发疹；有无头痛、腹痛的表现；精神状态怎样；食欲好坏。医生根据上述情况，一般就可以诊断出所患的疾病。

睡眠状况

正常情况下健康婴儿的睡眠状况都很好，且睡眠时间充足，只有当身体某处有疼痛和不适时，才会睡不踏实，会哭闹。这时可以找找原因，或者请医生诊治，以便使宝宝睡眠保持安静。

呼吸状况

婴儿的呼吸要比成年人快，而且年龄越小呼吸越快。在给宝宝测量呼吸频率时，如果宝宝注意到了，或宝宝在活动时，呼吸就会加快。可以在宝宝睡着的时候，把手轻轻地放在胸部来测，这样一般较准确。

脉搏状况

婴儿脉搏的正常标准是80～160次/分。测量脉搏的方法与测量呼吸的方法相同，要在宝宝熟睡时，或在不引起宝宝注意的情况下来测量。

呕吐现象

呕吐是婴儿时期常见的症状。在喝牛奶后随着打嗝就会把牛奶吐出来，牛奶喝多后也会从嘴里流出来。有的宝宝有吐奶的习惯，也叫习惯性呕吐或神经性呕吐。只要在轻松愉快的气氛下培养宝宝，就可以预防和治疗这种呕吐。

冬季感冒有可能引起呕吐和较严重的腹泻。如果除了发烧外，出现头痛、痉挛、意识障碍等症状时，若再发生呕吐疑似脑膜炎，若伴有腹泻的则可能是痢疾或中毒性消化不良症，要尽快送医院急诊。

婴儿若突然没有精神并反复呕吐时，疑似丙酮血症性呕吐症（周期性呕吐症），这要请专科医生诊治。

Chapter 02 日常护理决定宝宝健康

宝宝在1岁之前，生活能力还非常弱，在日常生活中不管是清洁、穿衣、睡眠等方方面面，都需要爸爸妈妈精心的呵护和贴心的关爱。

身体护理：保护宝宝的眼睛和耳朵

眼睛是心灵的窗口，每个爸爸妈妈都希望自己的宝宝有一双健康、明亮的眼睛；眼耳口鼻喉，耳居第二，仅次于眼，婴儿期的耳朵护理尤为重要，因为耳朵关乎听力与语言的发育。所以，爸爸妈妈要重视保护好宝宝的眼睛和耳朵。

眼睛的日常护理

注意悬挂玩具的方式。很多爸爸妈妈喜欢在宝宝的床栏中间系一根绳，上面悬挂一些可爱的小玩具。如果经常这样做，宝宝的眼睛较长时间注视中间，就有可能发展成内斜视。正确的方法是把玩具悬挂在围栏的周围，并经常更换玩具的位置。

注意喂奶姿势。喂奶时最好不要长期躺着或一个姿势喂奶，因为长期固定一个位置喂奶，宝宝往往窥视固定的方向，容易造成斜视。

不要随意遮盖宝宝的眼睛。婴儿期是视觉发育最敏感的时期，如果有一只眼睛被遮挡几天时间，就有可能造成被遮盖眼永久性的视力异常。

宝宝洗脸用品，包括毛巾、脸盆等，应单独配备，不能与家人混用。在使用洗涤剂时，千万不要溅进宝宝的眼里，一旦发生，要立即用清水冲洗。

噪音对视力的影响

噪音能使人眼对光亮度的敏感性降低，还能使视力清晰度的稳定性下降。因此，在宝宝居室里要注意环境的安静，不要摆放高噪音的家用电器，看电视或听歌曲时，不要把声音放得太大。

耳朵的日常护理

耳的外层面直接接触外在环境，加上宝宝经常吐奶、流汗，很可能黏在耳朵附近结成块儿，因此，爸爸妈妈要像重视洗脸一样重视给宝宝洗耳。

清洗时，先将婴儿沐浴液在手上搓出泡沫，再用手指像按摩一样轻轻揉搓耳后和耳郭，最后用拧干的纱布擦拭干净。耳朵入口处，可用消毒棉做成的棉条轻轻擦拭，注意不要随便伸进耳道中去，防止宝宝头部突然乱动而导致耳道黏膜受伤。

口腔护理：关爱宝宝的乳牙

当妈妈发现宝宝的牙龈开始冒出小小的、硬硬的白色小牙苞时，表示宝宝开始发“牙”了！长牙阶段是口腔护理的重要时期，爸爸妈妈的关注与呵护，能为宝宝的牙齿打下健康的基础。

乳牙的功能

当宝宝开始长出乳牙之后，他所能吃的食物也越来越多，从流质到固体，宝宝开始会咀嚼、吞咽食物；而且随着牙齿越来越齐全，颌骨的生长发育也越健全，对发音、说话也有帮助。但是若没有健全的乳牙，就没有办法完全咀嚼食物，口腔消化功能相对不佳、容易牙痛，严重的还会影响日后恒齿的生长。

发“牙”的时间

多数宝宝在六七个月会开始长牙，通常先长出下排及上排的4颗乳牙，然后是上、下后面第一乳臼齿，再就是乳犬齿，最后长出第二乳臼齿。一般在3岁前，20颗乳牙就会全部“长牙”完毕。

虽然长牙的时间和顺序有一个大约的平均值，然而并不是每个宝宝状况都一样。有些宝宝一出生就有牙齿（胎生齿），有的12个月大才冒出牙齿；而有些则先长出乳犬齿而不是下门牙。

其实长牙就像生长发育有快有慢一样，不一定按照平均值萌出，若超过1岁半还未长牙，可以先到牙医诊所照X光片，确认是否有牙胚存在。

出牙时的反应

当妈妈们发现宝宝一直流口水，而且喜欢咬人或咬玩具，脾气变得暴躁、爱哭闹时，就有可能是牙龈已经开始冒出小牙苞了。

宝宝长牙时，牙龈处会痒痒的，所以会去咬东西让自己舒服些，而且也会因为疼痛变得情绪不好，只能借哭闹来表示长牙时的不适。

缓解出牙不适的方法

用手指轻轻按摩宝宝的牙床，让他感觉舒服一些。

准备固齿器让宝宝咬。

可吃些水果泥、奶酪等食物。

做好口腔清洁，减少牙龈发炎的机会。

适时地给宝宝呵护与关怀，缓和宝宝不舒服的情绪。

如何维持口腔清洁

宝宝牙齿尚未长出前，就要做好口腔的清洁工作。

每当宝宝喝完奶，妈妈们可先用纱布或棉花棒以温开水蘸湿后，轻拭宝宝的舌头与牙龈。

当宝宝长出牙齿后，也要用纱布或棉花棒蘸湿擦拭牙面，最好每次喂食后都要清洁，保持口腔干净，减少牙龈发炎的现象。

当宝宝喝完奶或吃完辅食后，可先让宝宝喝些开水漱口，避免让宝宝含着奶瓶睡觉，并少吃甜食。

不可以让宝宝吃从大人口中吐出来的食物。宝宝刚出生的时候是不携带变形链球菌的，但是这种菌可以通过唾液传染，大人嘴嚼过的食物不要给宝宝吃，这样很容易传染变形链球菌，所以禁止这种行为。

乳牙的健康检查

有人认为乳牙反正会换，牙齿得蛀牙了也无所谓，这种观念是错误的。乳牙如果不健康，不但会影响牙齿的功能，也会影响日后恒齿的生长。爸爸妈妈除了帮助清洁宝宝的口腔之外，还要帮助宝宝的小乳牙做好健康检查。

当宝宝长牙时，可先去看牙医，主要的是要让妈妈知道如何帮宝宝做好口腔清洁。

乳牙长齐后，应每半年做一次牙齿健康检查及局部涂氟，并配合每天彻底清洁牙齿，就能达到不错的防蛀效果。

尽早发现口腔疾病

婴幼儿最常见的口腔疾病是龋齿，常见的咬合异常主要是反咬合，这些主要与不良的口腔喂养和清洁习惯有关。

对宝宝的口腔进行定期检查，就会尽早发现：第一个检查方面，宝宝是否开始采取口腔清洁习惯，方法是否科学和正确；第二个检查方面，宝宝是否存在不良的口腔喂养习惯；第三个检查方面，宝宝是否有口腔发育的异常；第四个检查方面，宝宝是否有一些口腔疾病。

如果对宝宝从小就采取科学、正确的口腔清洁习惯和科学、良好的喂养习惯的培养，就会避免和预防龋齿、反咬合的发生，对宝宝的生长发育、心理成长都有益处。

尽早发现宝宝的口腔疾病，尽早治疗，避免治疗的复杂性和长期性，也避免宝宝遭受更多的病痛。

头发护理：正确打理宝宝的头发

头发虽然是宝宝自己的，但爸爸妈妈也需正确关心宝宝的头发问题。

给宝宝洗发的方法

将宝宝仰卧在你的一只手上，背部靠在你的前臂上，把他的腿藏在你的肘部用手掌扶住其头部置于温水盆上。另一只手给他涂抹洗发水并轻轻按摩头皮，千万不要搓揉头发，以免头发缠在一起，然后用清水冲洗干净，头发会黏结在一起，最后用干毛巾将头发轻轻吸干。

很多宝宝不喜欢洗头发，每次洗头发都会哭闹。所以，给宝宝洗头发时，爸爸妈妈可以给予适当的情感安慰，来消除宝宝的紧张和恐惧感。抱着宝宝洗头发时，妈妈可以尽量贴近宝宝一些；不要把宝宝的头部过分倒悬，稍微倾斜一点；洗头的同时，可以轻轻地和宝宝说：“宝宝乖，现在妈妈给你洗头发，妈妈在身边……”等类似的话，以增加宝宝的安全感，几次之后适应了，宝宝就不再哭闹了。

洗头时的注意事项

水温应保持在37～38℃；应选用宝宝专用洗发水；应用棉花塞住宝宝的耳孔，防止水溅入；不要用手指抠挠宝宝的头皮，应用整个手掌，轻轻按摩头皮；不能去剥掉宝宝头上的皮脂痂，可逐步清洗让其软化浮起，并调节皮脂分泌，让宝宝头皮“呼吸顺畅”。

洗头的次数

给宝宝洗发尽可以勤快些，由于生长发育速度极快，宝宝新陈代谢非常旺盛。因此，在6个月前最好每天给宝宝洗一次头发。经常保持头发清洁可使头皮得到良性的刺激，避免引起头皮发痒、起疱、感染，从而促进头发的生长。

头部按摩

经常给宝宝梳梳头发能够刺激头皮，促进局部的血液循环，有助于头发的生长。不过最好选用婴儿专用橡胶梳子，因为它既有弹性又很柔软，不容易损伤宝宝稚嫩的头皮。爸爸妈妈若有空的话，也可以给宝宝做头皮按摩。

指甲护理：给宝宝修剪小指甲

很多宝宝都不喜欢剪指甲，剪指甲时往往很不配合，让爸爸妈妈无从下手。爸爸妈妈应该掌握好适当的时机和技巧，给宝宝勤剪指甲，最好使用宝宝专用的指甲钳，以免无意伤到宝宝。

勤剪指甲

宝宝的小手整天东摸西摸闲不住，这时指甲缝就成了细菌、微生物和病毒藏身的大本营。宝宝往往又爱吮吸手指，这样细菌就很容易被吃到肚子里，引起腹泻或肠道寄生虫。同时，指甲太长，还容易抓伤宝宝自己，引起炎症。因此，爸爸妈妈一定要经常给宝宝剪指甲。

选择最佳时机

最好在宝宝熟睡时进行修剪，此时的宝宝对外界敏感度大大降低，可以放心进行；还可以在宝宝吃奶时修剪，那时的宝宝注意力会全部集中在吃奶上。需要注意的是，尽量不要在宝宝情绪不佳时强行剪指甲，以免使他对剪指甲产生反感或抵触情绪，从而伤到宝宝。

技巧和方法

剪指甲的姿势有两种。可以让宝宝平躺在床上，爸爸妈妈支靠在床边，握住宝宝小手，最好是同方向、同角度，这样不容易剪得过深而伤到宝宝；也可以是爸爸妈妈坐着，把宝宝抱在怀里，

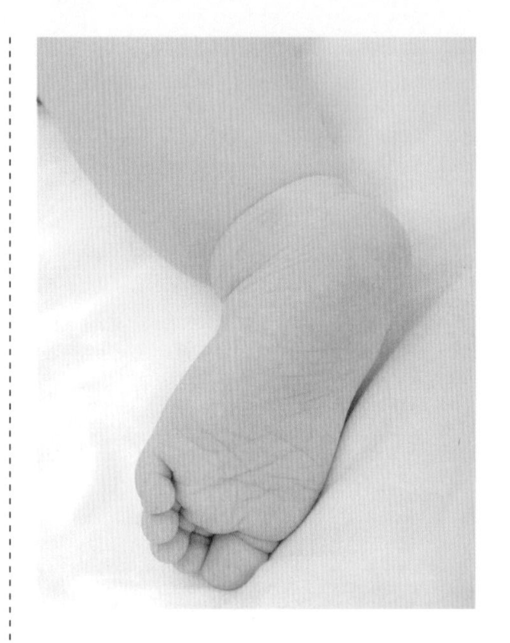

使他背靠着爸爸妈妈，然后也是同方向地握住宝宝的一只小手。

握着宝宝的手时，分开他的五指，重点捏住其中一个指头剪。剪好一个换一个。最好不要同时抓住一排指甲剪，以免宝宝突然一排手指一起动起来，力大不易控制，而且也容易被剪刀误伤其他指甲。

修剪顺序应该是：先剪中间再修两边。因为这样会比较容易掌握修剪的长度，避免把边角剪得过深。剪完后，仔细检查一下是否有尖角，务必要修剪圆滑，避免此尖角长后成为抓伤宝宝的“凶器”。

对于一些藏在指甲里的污垢，最好在修剪后用清水清洗干净，不宜使用坚硬物来挑除。

如果不慎伤了宝宝，要立刻用消毒纱布或棉球止血，涂消炎药膏即可。

皮肤护理：细心呵护宝宝的面部和皮肤

宝宝的皮肤同其他器官组织一样，结构尚未发育完全，不具备成人皮肤的许多功能。因此，爸爸妈妈在照料时一定要细心打理，有时稍有不慎，便会惹出不少麻烦。

面部护理

宝宝的皮肤会因气候干燥缺水而受到伤害，可以在宝宝洗脸之后，擦上婴儿护肤品，形成一个保护膜。

宝宝嘴唇干裂时，先用湿热的小毛巾敷在嘴唇上，让嘴唇充分吸收水分，然后涂抹润唇油，同时要注意让宝宝多喝水。

宝宝经常流口水或吐奶，应准备柔软湿润的毛巾，替宝宝抹净面颊，秋冬时更应及时涂抹润肤膏防止肌肤皲裂。

宝宝睡觉后眼屎分泌物较多，有时会眼角发红，最好每天用湿药棉替宝宝洗眼角一次。

宝宝的鼻腔分泌物塞住鼻孔而影响呼吸，可用湿棉签轻轻卷出分泌物。

身体皮肤护理

爸爸妈妈注意保持宝宝皮肤的清洁。秋冬季要防止皮肤皲裂受损，涂上润肤油或润肤露；夏季要预防和治疗痱子，涂抹爽身粉等，还要保持房间的通风和干爽。

刚出生的宝宝脐带不论是否脱落，应在每次洗澡后清洁脐部，用消毒棉签蘸75%医用酒精，从脐部的中央按顺时针方向慢慢向外轻抹，重复三次，更换三根棉花棒，抹出污物、血痂，保持脐部干爽和清洁。当脐部红肿或有脓性分泌物，应及时去医院就诊。

宝宝的臀部非常娇嫩，应勤洗勤换尿片，更换尿片时用婴儿柔润湿纸巾清洁臀部残留的尿渍、粪渍，然后涂上婴儿护臀霜。

若宝宝经常出汗，应常备柔软毛巾为他擦干身体，以防着凉，并经常更换棉质内衣，每天给宝宝洗澡。

选择适合宝宝的护肤品

爸爸妈妈应给宝宝选用婴儿专用的护肤品，选择不含香料、酒精、无刺激、能很好保护皮肤水分平衡的产品。宝宝护肤品的牌子不宜经常更换，这样会使宝宝的皮肤对不同的护肤品做反复调整。要注意，如果宝宝使用护肤品后皮肤出现过敏反应，如皮肤发红、出现疹子等，应立即停止使用。

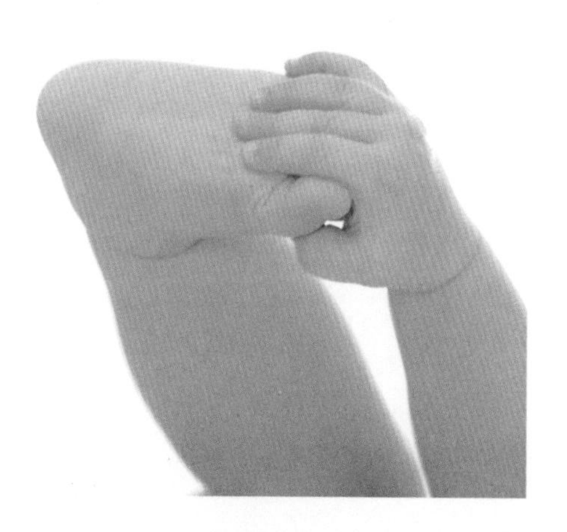

清洁护理：掌握给宝宝洗澡的正确步骤

爸爸妈妈刚开始给宝宝洗澡时，都会觉得像打仗一样紧张。由于小宝宝比较柔弱，爸爸妈妈怕手脚重一点会弄伤了他，而手脚太轻又怕洗不干净。其实，爸爸妈妈只要掌握了一定技巧和方法，就可以把沐浴时间变成与宝宝亲密接触的幸福时刻。

把宝宝放在大浴巾上，脱掉宝宝衣服，检查宝宝全身状况，如有问题可及时诊治。注意腹部用浴巾遮住。

抱起宝宝，用手掌托住头颈部，并以手臂裹住宝宝的身体，夹于爸爸或妈妈的腋下。

把洗脸方巾沾湿，准备洗宝宝的脸，要注意洗脸的次序，先由内而外清洗宝宝的眼睛，然后擦擦耳朵，接着清洗面颊其他部分。

清洗头部，先用水打湿头发，再用婴儿洗发水柔和地按摩头部，要注意用拇指及食指将宝宝耳朵向内盖住耳孔以免耳朵进水，再以清水冲洗。洗净后，

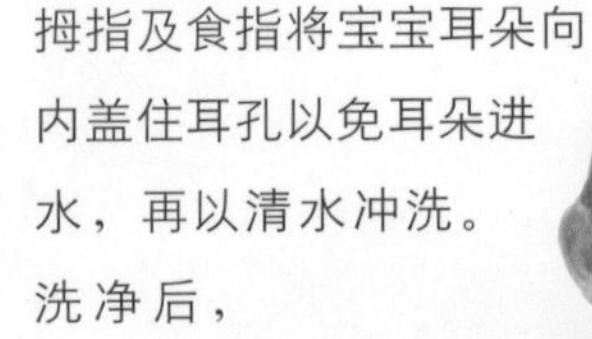

再用小毛巾将头发稍微擦干。注意不要按压宝宝囟门部位。

去除包巾，左手托住头颈部，右手抱住宝宝的臀部轻轻地放入澡盆。左手横过宝宝背部，以左手手掌握住宝宝左手手臂，让宝宝头枕在前臂上。先用清水打湿全身，然后用沐浴露清洗后，再用清水洗净。注重颈部、腋下、阴部、腹股沟、皱褶处的清洗。需要注意的是，新生宝宝不要放入浴盆，应如洗头的方式清洗上下身体。

洗澡完毕，左手托住头颈部，右手抓住双足踝部，离盆，用浴巾包好、吸干水迹，要特别注意皮肤的皱褶处，迅速穿上衣服，注意保暖。

先包上尿布，穿上衣服，再做脐带护理。然后扑上爽身粉。注意粉不要扑得太多，以防止结成硬块引起皮肤损伤。扑粉时要捂住宝宝的口、鼻，以防止将爽身粉吸入肺中体内。

睡眠护理：让宝宝香香甜甜睡好觉

宝宝伴随着充足的睡眠，渐渐地成长，爸爸妈妈的心中充满喜悦与欣慰。睡眠占据着宝宝生命的大部分时间，可以说这一时期的宝宝的主要任务就是睡觉。爸爸妈妈应了解到睡眠对于宝宝生长发育的重要影响，照顾好新生宝宝的睡眠。

了解宝宝的睡眠规律

新生宝宝睡觉时常可见到他嘴角上翘，有时皱眉，眼皮下的眼球来回动，眼睛闭闭睁睁的，嘴一张一合在吸吮，面部表情很丰富，四肢有时活动。这时宝宝并未睡醒，这是他身体在睡觉，脑子还醒着，属于正常情况。这些动作未通过大脑皮层指令，是大脑皮层下的中枢活动的缘故，并非生病。

正常人睡眠时有浅睡眠和深睡眠两种状态，新生宝宝的浅睡眠能占睡眠总时间的2/3，而成人则为1/5。上面所说的新生宝宝睡眠中各种表现是浅睡眠的表现，而深睡眠（熟睡）是呼吸均匀，脉搏次数减少，安静，没有那么多动作，又称静态睡眠。

舒适的环境

舒适的环境，是宝宝睡得香甜的前提。首先是被褥要清洁、舒适，薄厚要适合季节的特点。宝宝的睡衣应选择纯棉、柔软、宽松的睡袍，长度要长过脚面，保证宝宝手足的温暖，但以不出汗为宜。室内空气应新鲜，流通，但不要有风直接吹向宝宝。宝宝睡觉时应拉上窗帘，关上大灯，不要让室内光线太亮，以免因光线太强而影响宝宝入眠。应适当减轻周围的声响，但也不必寂静无声，以免宝宝对声音过于敏感，稍有响动立即惊醒。

能够听到爸爸妈妈的声音

要安排宝宝独睡，首先要在睡眠环境中建立安全感。宝宝可能会因周围环境的变化，有不安的表现；此时，最重要的是让宝宝听见爸爸妈妈的声音，使他清楚地知道爸爸妈妈就在附近。对于宝宝在白天的情绪反应，也要有所响应，让宝宝知道爸爸妈妈是可以完全相信的，增强宝宝的安全感。

查明宝宝睡眠不稳的原因

如果宝宝入睡不深，时睡时醒，应细查原因。首先，确定宝宝有无生病，如发热、腹泻、拒乳，皮肤有无创伤等。其次，看一下尿布是否湿了，母亲的乳汁是否充足，宝宝是否饥饿。此外，周围的环境也不可忽视，如气温过低或过高都会影响睡眠。

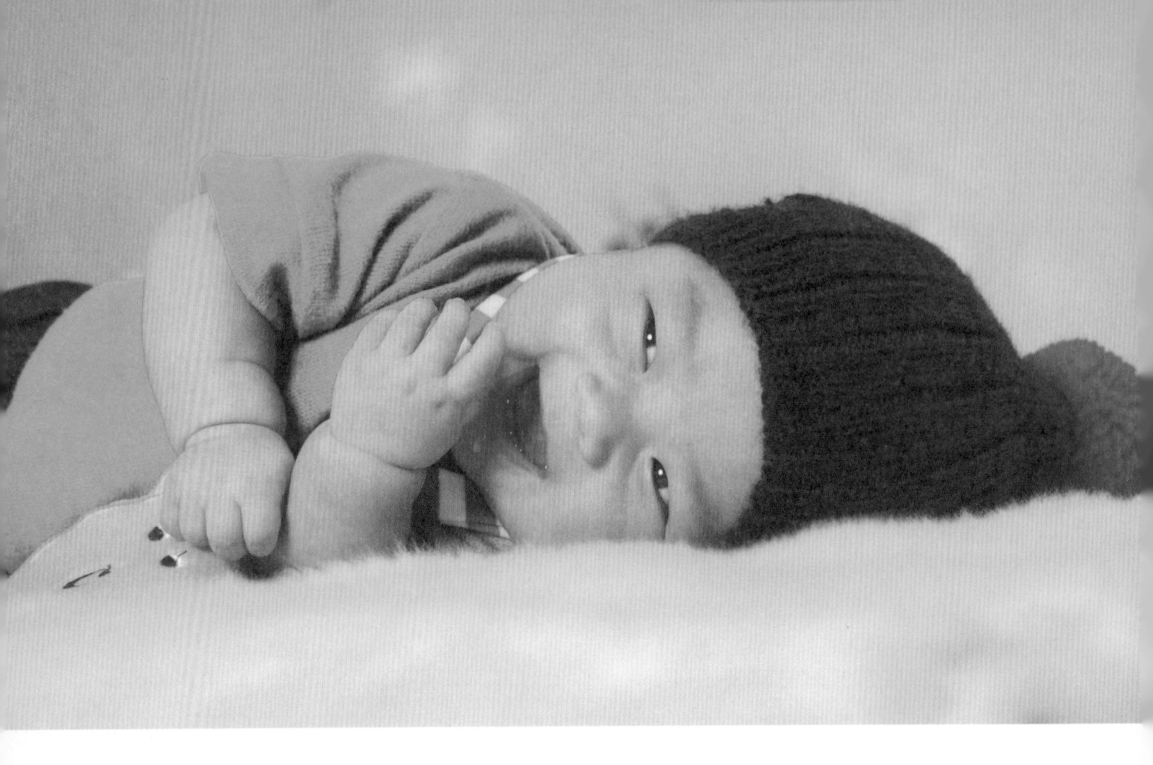

睡眠姿势

新生宝宝的睡姿主要是由照顾者决定的，同时，宝宝整天生活在床上，即使醒着也存在睡姿问题，因为睡姿是直接影响其生长发育和身体健康的重要问题。

新生宝宝初生时保持着胎内姿势，四肢仍屈曲，为使在产道咽进的水和黏液流出，生后24小时以内要采取侧卧位。侧卧位睡眠既对重要器官无过分的压迫，又利于肌肉放松，万一宝宝溢乳也不致呛入气管，是一种应该提倡的睡眠姿势。但是新生宝宝的头颅骨缝还未完全闭合，如果经常向一个方向，可能会引起头颅变形。如长期仰卧会使宝宝头形扁平，长期侧卧会使宝宝头形歪偏，这都影响外观仪表。正确的做法是经常为宝宝翻身，变换体位，更换睡眠姿势。吃奶后不要仰卧，要侧卧，以减少吐奶。左右侧卧时要当心不要把宝宝耳轮压向前方，否则耳轮经常受折叠也易变形。

不要让宝宝白天睡得太多

有的宝宝夜间不好好睡觉是因为白天睡得太多，活动太少，爸爸妈妈可以适当增加宝宝白天的户外活动时间和被动操的运动量，往往可见成效。

建立睡觉前的例行习惯

在睡前的一个多小时应让宝宝吃饱，喂奶半小时以上再给宝宝洗澡、换睡衣。冬天若不能坚持每天给宝宝洗澡时，也应在睡前给他洗脸、洗脚、洗屁股。洗后应立即上床，可以念点儿歌，低声唱催眠曲，但不可在宝宝上床后再逗他，那样容易使宝宝头脑兴奋，难以入睡。这样固定进行的习惯，会使得宝宝有进入睡眠前的准备，拥有更多的安全感，觉得睡眠本身是固定、可预期的。

排泄护理：了解宝宝大便中的健康信息

宝宝未成熟的消化系统和排泄系统，就像一个还没来得及购置齐全设备的工厂，仓促中加工完的有成品，有半成品。爸爸妈妈会发现，宝宝的大便有糊糊状的，有膏状加颗粒的，有成形的；有黄色的，有绿色的等等。爸爸妈妈往往分不清什么样的大便说明宝宝是健康的，什么是不健康的。如果爸爸妈妈多观察宝宝的大便，就会有经验，就会知道你的宝宝的食物和奶里含有什么改变大便质量的东西，宝宝的肚子里究竟发生了什么化学反应，什么样的大便是异常的，以及异常是发生在宝宝肚里的哪个部位了。

正常的大便

母乳喂养的宝宝，每天会有2～4次排便，呈黄色或金黄色软膏状，有酸味但不臭，有时有奶块，或微带绿色。有时宝宝大便次数较多，每日4～5次排便，甚至7～8次排便，但如果精神好，能吃，体重不断增加，也属正常现象，添加辅食后，大便次数就会减少。

人工喂养的宝宝，大便呈淡黄色或土灰色，均匀硬膏状，常混有奶瓣及蛋白凝块，比母乳喂养宝宝的大便干稠，略有臭味，每日1～2次排便。

当母乳不足，给宝宝添加牛奶及淀粉类食物时，宝宝的大便会呈黄色或淡褐色，质软，有臭味，每日1～3次排便。如加喂蔬菜后，在宝宝的大便中可能看到绿色菜屑，这不是消化不良，多喂几天就好了，不必停喂。

奇怪颜色的大便

如果宝宝的大便出现以下颜色异常，应及时带宝宝看医生。

带有脓血的黏液大便，大便次数多但量少，宝宝哭闹发烧，可能为细菌性痢疾。

宝宝的大便呈果酱色或红色水果冻状，表明可能患了肠套叠。

大便的颜色太淡或淡黄近于白色，如果还伴有眼睛与皮肤发黄，可能是黄疸。

大便发黑或呈红色，可能是胃肠道出血。

大便灰白色，同时宝宝的巩膜和皮肤呈黄色，有可能为胆道梗阻或胆汁黏稠或肝炎。

大便带有鲜红的血丝，可能是大便干燥，或者是肛门周围皮肤皲裂。

大便淡黄色、呈糊状、外观油润、内含较多的奶瓣和脂肪小滴漂在水面上、大便量和排便次数都比较多，可能是脂肪消化不良。

大便黄褐色稀水样、带有奶瓣、有刺鼻的臭鸡蛋味，为蛋白质消化不良。

奇怪形状的大便

大便干硬。不要以为几天才大便一次，干硬难以解出，就是便秘的表现。在判断宝宝是否便秘时，大便的形状比次数显得更为重要。有时大便次数正常，但粪便干硬，不易排出，每次量少，呈颗粒状的也属于便秘，有这种情况的宝宝比2～3日一次排便的宝宝应给予更多的关注。

大便稀烂。宝宝大便次数增多，变稀，发出酸臭味，或夹杂少量食物残渣，这是宝宝患有腹泻的表现。可能是宝宝食用太多含淀粉量高的食物，或进食过多蛋白质含量丰富的食物，或食物烹调不当、加热不够，或进食油腻过多引起的反复消化不良。

大便多泡沫。大便有泡沫、呈油状、有凝块等，是宝宝对糖、脂肪、奶消化不完全的表现，妈妈可减少食量以缓解症状。

柏油样大便。由于上消化道或小肠出血并在肠内停留时间较长，因红细胞破坏后，血红蛋白在肠道内与硫化物结合形成硫化亚铁，故粪便呈黑色；又由于硫化亚铁刺激肠黏膜分泌较多的黏液，而使粪便黑而发亮，故称为柏油样便，多见于胃及十二指肠溃疡、慢性胃炎所致的出血。

奇怪味道的大便

大便中带有酸臭味可能是蛋白质吃得太多，消化不良，刚从母乳换牛奶时也会有此现象。妈妈应给宝宝适当减少奶量，加喂开水减少脂肪和高蛋白食物的摄入，也可以给宝宝吃“妈咪爱”，一天三次，每次1/2袋，“妈咪爱”属于益生菌制剂，不会出现副作用，也不会产生依赖。

大便次数异常

若大便次数增多，呈蛋花样，水分多，有腥臭味，或大便出现黏液，脓血或鲜血，则为异常大便，应及时就诊。就诊时应留少许异常大便，带到医院化验，以协助诊疗。

若大便次数多、量少、呈绿色或黄绿色、含胆汁、带有透明丝状黏液、宝宝有饥饿的表现，为奶量不足，饥饿所致或因为腹泻。

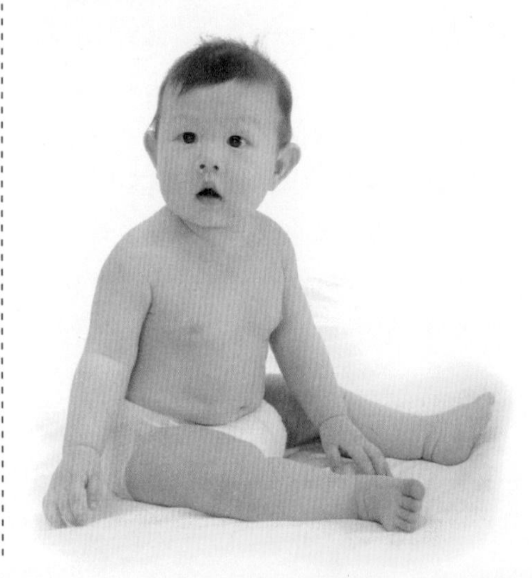

怀抱护理：掌握抱宝宝的正确姿势

抱宝宝看似容易，实际上却是新手爸妈的一大难题。这个时期的宝宝的身体很柔软，爸爸妈妈万一抱错了姿势或用错了力量，都可能伤害到宝宝。因此，爸爸妈妈应掌握抱宝宝的正确姿势。

肩靠式的抱法

将宝宝抱起时，先把头部轻轻托起，以一手稳定地支撑宝宝头颈，再以另一手托起他的下半身，将宝宝抱起来。顺势将宝宝立起，用手肘稍稍夹着他的臀部，另一手则扶住他的颈背。还可以略作变化，将宝宝斜放在肘弯，贴近爸爸妈妈的胸前，一手支持着他的上半身，一手环抱着他的下半身。放下宝宝时，必须先支持住他的头部，另一手托住他的下半身。

吃奶时的抱姿

妈妈坐着，将一条腿抬高10～15厘米，将宝宝搂抱在抬腿一侧的臂弯中，头部放在肘关节内，一手托住宝宝背部和臀部。在喂奶的过程中，妈妈一定不能大弧度弯腰或用力向前探身，以免乳头过渡送入宝宝口中，引起宝宝呛咳。

宝宝吃奶时，为了避免乳头离宝宝的嘴巴太远，妈妈可试着让他坐在软垫上，然后再连同枕头一起将宝宝放到膝上，再用胳膊的弯曲处托住宝宝的头部，这样让他舒服一些。

不要摇晃宝宝

宝宝哭闹、睡觉或醒来的时候，爸爸妈妈都习惯性抱着宝宝摇摇，认为这样是宝宝最想要的。但是，爸爸妈妈很难掌握摇晃的力度，如果力度过大，很可能给宝宝头部、眼球等部位带来伤害，而且爸爸妈妈自己也会感到手臂特别的酸疼。

端正抱宝宝的态度

爸爸妈妈在抱宝宝时，最好能建立起“经常抱，抱不长”的态度。也就是说，经常抱抱宝宝，每次抱3～5分钟即可，让宝宝感受到爸爸妈妈对他的关爱，使他有安全感。但千万不要一抱就抱很久，甚至睡着了还抱在身上，这样会养成宝宝不抱就哭的不良习惯，也会给爸爸妈妈在今后的养育过程中增添不少困扰。

穿着护理：正确把握宝宝的穿衣问题

宝宝的汗腺分泌十分旺盛，而且又多喜欢活动。穿着过多，稍微活动就会出汗，脱衣后一段时间如不能及时添加衣服，又会引起感冒。另外，长期穿着过多还会降低宝宝的耐寒能力。夏天穿着过多由于炎热，宝宝的抵抗力大大减弱，再加上出汗，宝宝极易中暑。所以，爸爸妈妈要正确把握宝宝的穿衣问题。

四季穿衣原则

冬日，很多爸爸妈妈将宝宝包得密不透风，其实这是很不恰当的做法，不仅会影响宝宝的活动量，严重时还可能造成宝宝的皮肤病变。其实，宝宝所穿的衣服，只要依照“天冷，比大人多一件”这个准则即可。

穿衣要适量，如果穿得太多，宝宝一旦活动便会出汗不止，这样会使皮肤血管扩张，皮肤血液流量增加，因此散热量加大。表现为宝宝出很多的汗，衣服被汗液湿透，反而容易着凉，并且也降低了身体对外界气温变化的适应能力而使抗病能力下降。

夏季，伴随着气温的逐日爬升，宝宝身上的衣服也逐件减少。很多爸爸妈妈认为让宝宝穿得越少就越好，而爷爷奶奶则是怕宝宝着凉，依旧将宝宝裹得严严实实的，其实这两种做法都不恰当。

宝宝穿衣加减法的总体原则是根据

环境气候的改变，做到及时加减和局部加减。夏季除了早晚温差大以外，室内外也有一定的温差，这时细心的爸爸妈妈就需要根据温差的变化及时为宝宝添加或减少衣服。比如在炎热的户外，宝宝穿着过多会大量出汗，汗水挥发不及时容易引发痱子等皮肤病，这时，不要因为宝宝年纪还小，抵抗力弱就舍不得给宝宝减衣服。

帽子

宝宝戴上帽子可以维持体温恒定，因为宝宝25%的热量是由头部散发的。帽子的厚度要随气温降低而加厚，但不要给宝宝选用有毛边的帽子，因为它会刺激宝宝皮肤。此外，患有奶癣的宝宝不要戴毛绒帽子，以免引起皮炎，应该戴软布做成的帽子。

口罩和围巾

不要给宝宝经常戴口罩围巾，经常

戴口罩、围巾会降低宝宝上呼吸道对冷空气的适应性，缺乏对伤风、支气管炎等病的抵抗能力。而且，围巾多是羊毛或其他纤维制品，如果用它来护口，会使围巾间隙中的病菌尘埃进入宝宝的上呼吸道；还会使羊毛等纤维吸入体内，可以诱发过敏体质的宝宝发生哮喘，而且还会因为围巾，堵住宝宝的口鼻，影响正常呼吸。

毛衣

毛衣要选购儿童专用毛线，现今市场上有专为宝宝生产的毛线，它所含的羊毛与普通毛线中的羊毛不一样，非常细小，并且很柔软，保暖性又好，十分适合宝宝穿用。

袜子和鞋子

宝宝的袜子应选用纯羊毛或纯棉质地。保持宝宝袜子干爽，袜子潮湿时就会使宝宝的脚底发凉，引起呼吸道抵抗力下降而易患上感冒。

鞋子最好稍稍宽松一些，质地为全棉，穿起来很柔软，这样，鞋子里就会储留较多的静止空气而具有良好的保暖性。

科学的加减衣服

春夏过渡期，在减少宝宝穿衣时要注意循序渐进的减，从长袖减到短袖再减少到无袖，让宝宝娇嫩的肌肤有一个适应期。另外，因为宝宝的肌肤比成人更加敏感，在减少宝宝整体穿衣量的同时，在一些重要部位反而要给宝宝增加衣物。宝宝在睡觉时腹部容易着凉，务必要给宝宝盖上毛巾被，把宝宝的肚子保护好。

衣物的质地

一般来说宝宝在夏季穿着单衣即可，衣物应该是宽松、柔软的，衣料以轻薄透气性强的全棉类为佳。需要注意的是，夏季洗的衣服经过太阳暴晒会显得僵硬、粗糙，会让宝宝穿着不适，所以，妈妈可以在洗衣的最后一次漂洗时加入宝宝专用的衣物护理剂，能有效理顺衣物纤维，使晾晒后的衣物保持松软顺滑。

安全护理：消灭生活中的危险隐患

宝宝6个月以后，由于活动量的增加，照顾起来需要更加仔细，爸爸妈妈要特别注意宝宝的安全。为了减少危险因素，爸爸妈妈应细心摆放家中的物品给宝宝一个安全的生活空间。

远离危险物品

随时以宝宝的高度，检查宝宝活动范围内是否有危险物品，如尖锐物、药品、易燃烧物、未覆盖的插座和电线等。宝宝的好奇心越来越强，肢体动作开始向外探索，所以在准备食品时，热水、筷子、勺子、桌布等要远离宝宝，以免他好奇乱摸时被伤到。

远离摔伤

宝宝的床栏杆的高度或栏杆间的距离务必适当，一般护栏高65～70厘米，护栏之间的间距标准是5.5厘米，以防宝宝摔下，或头被栏杆卡住。会翻身的宝宝睡觉及游戏时，一定要有安全护栏，以免他在睡梦中或睡醒游戏时摔倒而受伤。

避免吞入异物

宝宝喜欢把手里的东西往嘴里送，因此，爸爸妈妈要快速把所有宝宝可能塞入嘴里造成危险的物品拿开，例如不经意掉落的花生仁、瓜子、纽扣、硬币、玩具零件等；还有给宝宝的玩具、物品，都必须留意是否有易脱落的小零件，免得宝宝因吞食而出现意外。

一旦发现宝宝误食异物，爸爸妈妈可用一只手捏住宝宝的腮部，另一只手伸进他的嘴里，将东西掏出来；若发现异物已经吞下，可刺激宝宝的咽部，促使他吐出来；若宝宝已出现呼吸困难，应立即带宝宝去医院。

远离洗澡的危险

为宝宝洗澡时，应先放冷水，再加热水，以防宝宝因迫不及待要洗澡，冷不防将手、脚伸入水里而被烫伤。宝宝在水中总是喜欢动来动去，所以最好在浴盆内放入毛巾或防滑垫，防止宝宝滑倒。

远离宠物

有些家庭会养宠物，却不知宠物会给宝宝带来很多的危险。由于宠物身上会携带一些病毒、寄生虫等，而宝宝自护能力弱，抵抗力弱，容易受到感染而生病；有时宠物甚至可能会无意伤害到宝宝，如咬伤、抓伤宝宝，这种危害就更为严重了，所以，有宝宝的家庭尽量避免养宠物。

户外护理：带宝宝外出时的注意事项

爸爸妈妈不要把宝宝养成温室里的花朵，可以适当增加宝宝的户外活动时间。户外活动可以使宝宝接触到各种人和事物，增加对视觉、听觉刺激。更重要的是可接受阳光和空气，以增强宝宝对外界环境变化的适应能力，增强体质，提高免疫力。

时间和次数

户外活动的次数和时间应当循序渐进，开始时每天一次，适应后可增加至每天2～3次，每次从几分钟开始，以后可增加到1～2个小时。进行户外活动的时间还应根据季节变化、气温的高低、宝宝适应的情况作相应的调整。夏季应延长早、晚在户外活动的时间，中午11时至下午15时最好不要在户外活动，因为这段时间太阳射出的紫外线最强，易伤害宝宝稚嫩的皮肤；冬季可适当缩短午睡时间，选择阳光充足，室外温度较高的时候去户外玩耍。

适当的活动方式

坚持户外活动对宝宝是一种有益的锻炼，当环境气温变化较大时，常锻炼的宝宝则不易生病。但不当的活动方式，也可影响宝宝的健康。因此，爸爸妈妈也不能操之过急，开始时，可先在室内打开窗户，让宝宝接触一下较冷的气温，呼吸新鲜空气，无不良反应时，即可到户外玩耍。宝宝患病时，抵抗力下降，应暂停户外活动。

锻炼与防护

带宝宝到户外活动时，无论是用宝宝推车，还是抱着宝宝散步，都应根据天气情况，应选择晴朗无风的天气，让宝宝的全身皮肤尽量多接受阳光，同时也要注意不要让宝宝太热或太凉。不要让阳光直接照晒在宝宝的头部或脸部，要戴上帽子或打着遮阳伞，特别要注意保护好宝宝的眼睛。

爸爸妈妈带宝宝乘车时也要注意，要始终保护宝宝的头部，紧急刹车时，会产生很大的冲击力，使宝宝的头部或脊椎受到伤害。乘坐私家车，一定要用优质的专用座椅固定宝宝。

有的爸爸妈妈总担心宝宝受凉，每次外出时给宝宝穿上大衣，戴上帽子、口罩、围巾等，全身捂得严严实实。这样做的结果，会使宝宝的身体无法接触空气和阳光，如果宝宝变得弱不禁风，反而容易受凉生病，就达不到户外锻炼的目的了。

宝宝常见不适的护理

在宝宝的成长过程中，难免会有各种不适症状，从而给宝宝带来痛苦，这些都让爸爸妈妈看在眼里，疼在心中。新手爸爸妈妈要掌握一些宝宝常见不适症状的预防和护理方法，为宝宝的健康保驾护航。

吐奶和溢奶

吐奶和溢奶，其实都是指奶从宝宝嘴里面流出来的现象。一般来说，轻微吐奶和溢奶并没有什么太大的区别，不用采取特别的治疗方式。随着宝宝的逐渐长大，这种情况将会有明显的改善。但是，如果宝宝出现了严重的喷射性吐奶状况，这时，爸爸妈妈就必须特别注意了。

宝宝为什么会吐奶和溢奶

宝宝吐奶现象较为常见，因为宝宝的胃呈水平位，容量小，连接食管处的贲门较宽，关闭作用差，连接小肠处的幽门较紧，而宝宝吃奶时又常常吸入空气，奶液容易倒流入口腔，引起吐奶。

喂奶方法不当也会引起宝宝吐奶，如让宝宝仰卧喂奶、人工喂养时奶瓶的奶嘴未充满奶水有空气进入、吃奶后马上让宝宝躺下等，都会引发吐奶、溢奶。

观察症状

吐奶、溢奶是宝宝常见的症状之一，吐奶量比较多，这发生在喂奶后不久。溢奶则多半是宝宝在吃奶时吸进了空气，空气进入胃后，因气体较液体轻而位于上方，容易冲开贲门，而带出一些乳汁。

悉心护理

给宝宝喂的奶量不宜过多，间隔不宜过密。尽量抱起宝宝喂奶，让宝宝的身体处于45°左右的倾斜状态，胃里的奶液自然流入小肠，这样会比躺着喂奶减少发生吐奶的机会。喂完奶后，把宝宝竖直抱起靠在肩上，轻拍宝宝后背，让他通过打嗝排出吸奶时一起吸入胃里的空气，再把宝宝放到床上。此时，不宜马上让宝宝仰卧，而是应当侧卧一会儿，然后再改为仰卧。

咳嗽

咳嗽是因为气管或者肺部受到了刺激而高度兴奋时，为了防止黏液在气管中堆积，机体自发形成的一种保护性反应。

观察症状

咳嗽只是一种症状，而不是一种疾病，宝宝一旦出现以下情况之一，爸爸妈妈要立即带他去医院：

出现呼吸问题或者是嘴唇、指甲青紫。

由于食物或是其他异物阻塞气道而突然发生的剧烈咳嗽。

由于咳嗽引起的窒息、昏迷，咳出的黏液带血。

出现3次以上咳嗽导致的呕吐。

持续1周以上的咳嗽。

悉心护理

在宝宝咳嗽时，爸爸妈妈应寻找诱发咳嗽的原因，并选择最好的治疗方式。家庭护理仅仅能降低气道的反应速度，但不能彻底治愈疾病。除非病因被确定，否则咳嗽不会停止。因此，爸爸妈妈应做好以下几个方面的工作：

仔细聆听并描述宝宝咳嗽的声音。例如假膜性喉炎的咳嗽声与海豹的咆哮声近似；过敏引起的干咳和后鼻道感染会引起“隆隆”的咳嗽声，当宝宝晚上睡觉和清晨睡醒时，声音听上去更加严重。

当宝宝在冬天出现咳嗽时，给他围上围巾或用丝巾包住鼻子和嘴。因为通

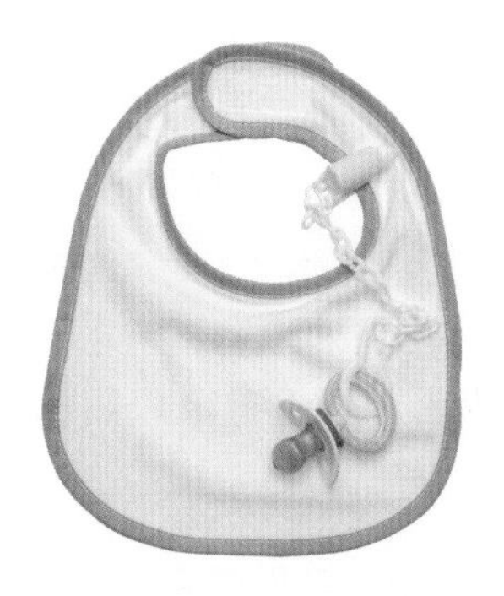

常情况下，冷空气会引起咳嗽加剧，使用围巾或丝巾能使呼入的空气变暖，避免过冷空气的刺激。

爸爸妈妈不要在宝宝房间里吸烟，或让宝宝在二手烟环境下生活。

避免化学烟雾和污染空气的刺激，这种刺激会造成肺部损害和咳嗽加剧。

在宝宝的房间里使用加湿器。一定记着定期清洗机器，机器长时间没有得到清洁，容易滋生细菌。

宝宝咳嗽痰多时，应将宝宝的头抬高，促进痰液排出，减少腹部对肺部的压力。不要直接把枕头和抱枕放在脑袋下面，最好放置在床垫下。

饮食调理

当宝宝咳嗽时，爸爸妈妈应该在饮食方面做到以下几点：

给宝宝提供充足的水。治疗咳嗽的最好药物就是白开水，水能够将痰液稀释，并润滑喉咙。

温热的液体，如：茶水、鸡汤，也有同样的作用。

如果宝宝在咳嗽的同时伴有严重的呕吐，就应减少每次进食的总量，做到少食多餐。

呕吐

呕吐是由某些原因导致的胃部肌肉收缩的现象。会导致宝宝将大部分食物从胃部经过食道和口腔而吐出来，而后咽喉吞咽困难，非常难受。

宝宝为什么会呕吐

宝宝呕吐的原因很多，以下是几种最常见的原因：

胃或肠道病毒引起的胃肠炎经常会导致宝宝呕吐，患了胃肠炎，除呕吐外，还伴随发热和腹泻的症状。

食物中毒也会引起呕吐，由此引起的呕吐会持续到进入胃肠的有害物质被完全排泄出来为止。

激烈运动后、耳部感染、头部感染、泌尿系统感染和阑尾炎，也会导致宝宝呕吐，但此时往往不伴有腹泻。

密切观察宝宝症状

宝宝一旦出现以下情况之一，爸爸妈妈要立即带他去医院：

持续呕吐，但没有腹泻。

小于1岁的婴儿持续呕吐超过12小时，或是稍大的宝宝呕吐24小时以上。

呕吐物中出现血迹。

呕吐同时伴随排尿时疼痛，尿频。

持续至少4小时以上的腹痛。

最近发生过头部或腹部外伤。

宝宝服用的药物有引起呕吐的副作用，或者药物中毒。

超过6小时无尿或哭时无泪。

宝宝处于昏睡的状态，很难被唤醒。

颈强直或头痛。

悉心护理

当宝宝出现呕吐时，爸爸妈妈应注意保持小儿侧卧位，以免呕吐物吸入气管而导致窒息。平时应注意饮食卫生和营养平衡，避免因不清洁，或暴饮暴食而引起呕吐。

在呕吐后用些清水给宝宝漱口。如果呕吐物非常难闻，还要让宝宝刷牙。

饮食调理

宝宝呕吐时，在6～8小时内禁食固体食物，让胃部得到充分的休息。

提供与室温相近的洁净液体，如：苏打水、冰棒、碎冰、淡果汁和果冻。如果呕吐严重，尽早服用口服补液盐。

少食多餐。比如，每隔10分钟喂宝宝一茶勺液体。如果不再呕吐，每小时增加1倍的液量。

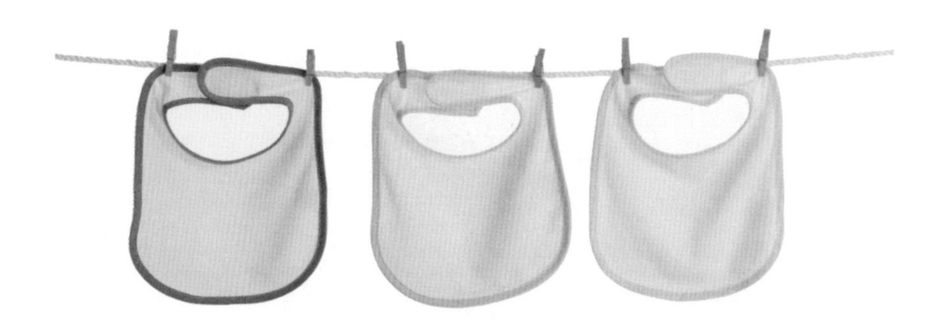

流口水

宝宝出牙时，牙齿萌出刺激三叉神经，唾液分泌增加，使部分小儿出现流涎，此为生理现象，不应视为病态。除此之外，口腔发炎、咽峡炎症、扁桃体发炎肿大或化脓、面瘫、脑发育不全、脑炎后遗症等疾病所引起的流涎，爸爸妈妈应予以重视。

宝宝为什么会流口水

引起流涎的原因大致有以下几点。

口腔溃疡 一般由病毒或细菌引起，使口腔黏膜红肿，甚至溃疡。主要表现为突然流涎，婴儿表现烦躁不安、拒绝吃奶等，甚至伴发热。

咽部疾病 常见有扁桃体肿大，咽峡发炎，由于吞咽可引起疼痛，所以也可出现流涎。

脑部疾病 脑发育不全或脑炎后遗症的患儿常伴有表情呆板，智力低下。由于智力受到影响，吞咽功能减弱，不能把分泌的唾液往下咽，此时可引发唾液外流。

面瘫 可为单纯性面瘫，也可由病毒感染、颅内占位性病变或颅内感染等引起。患儿病侧面部表情肌瘫痪，鼻唇沟变浅，口角向对侧歪斜，病侧眼皮不能闭合，同时口角流唾液。

观察症状

婴儿突然发生流涎，同时伴有胃口不好，不愿进食，或者有发热等。在这种情况下，口腔发炎，或咽喉部炎症引起的流涎可能性较大。

婴儿长牙齿时，唾液分泌增加，不能及时咽下，可有流涎症状，这种情况不属于病态。

流涎同时表现有智力低下，大多是属于神经系统的病变，如大脑发育不全、脑炎后遗症等。

悉心护理

爸爸妈妈应少量多次给宝宝喂水，以保持口腔黏膜湿润及口腔清洁。每次喂饭前，注意洗手，以防将手上污染的病菌带入小儿口腔引起感染。并要注意用具消毒，尤其是奶头、奶瓶、奶锅、杯、玩具等清洁消毒，一般清洗煮沸消毒20分钟即可。

平时要多吃水果、蔬菜，不要吃巧克力等甜食，保持每天排便通畅。

流鼻血

当鼻道中的小血管破裂出血后，血就会从鼻孔中流出。鼻血的出血量一般较少，此症状多在小宝宝身上发生，男宝宝的发生比率高于女宝宝，而且多在夜间发生。

宝宝为什么会流鼻血

以下是流鼻血的主要原因：

过于用力或者频繁地擤鼻涕、打喷嚏。

鼻部外伤。

挖鼻孔或是鼻部异物等造成。

空气干燥也会导致流鼻血。

观察症状

宝宝一旦出现以下情况之一，爸爸妈妈要立即带他去医院：

出现鼻部外伤。

宝宝看上去面色苍白。

其他部位也存在出血问题（如在没有受外伤的情况下出现大块的淤青）。

经常出现流鼻血，在48小时内出现至少3次。

鼻部有存在异物的可能性，并且此异物不能通过擤鼻子而排出。

压迫后出血仍不止，时间超过30分钟。

宝宝有其他的慢性病，如心脏或肾脏有问题，或者宝宝很健康，但服用了一些特殊的药物。

悉心护理

如果宝宝经常出现流鼻血的症状，以下是一些能够减少出血的方法：

使用润滑剂，如用凡士林润滑鼻道，早晚各一次。

如果空气干燥，如冬天时，由于暖气过热导致室内环境干燥，可以在宝宝的房间里使用空气加湿器。

在一次鼻血发生后的至少3小时内不要让宝宝擤鼻涕。

在流鼻血的过程中，不要让宝宝低着头，否则血液会进入胃部，导致刺激症状和呕吐。

对于复发的或是很难止住的鼻血，你可以在宝宝鼻孔中塞入含有减充血剂的纱布，纱布可以产生压力，减充血剂帮助鼻腔中的小血管收缩从而起到止血的效果。

持续压迫鼻子大约10分钟。如果在捏住鼻部软组织10分钟后，出血没有停止，尝试再捏住10～20分钟。

干草热等过敏反应也会引起流鼻血，如果频繁发生或者对宝宝造成困扰，请咨询医生了解是否需要抗组胺的药物减轻症状。

多汗

出汗是人体正常的生理功能，人体通过皮肤蒸发水分来调节体内温度。婴幼儿时期由于代谢机能较强且喜爱活动，出汗常比成人量多，往往表现为多汗。

密切观察宝宝症状

宝宝一旦出现以下情况之一，爸爸妈妈要立即带他去医院：

夜间哭闹，睡在枕头上边哭边摇头而导致后脑勺枕部出现脱发圈、乒乓头（枕骨处骨质变软，扪之似摸乒乓球的感觉）、方颅（前额部突起头形呈方盒状）、前囟门大等现象。

宝宝不仅前半夜汗多，后半夜天亮之前也多汗，且常在熟睡后出汗，称之为“盗汗”。同时有胃纳欠佳，午后低热（有的高热），面孔潮红，消瘦，有时出现咳嗽、肝脾肿大、淋巴结肿大等表现。

宝宝出汗多，夜间不肯吃饭，清晨醒来精神萎靡。患儿表现为难过不安、面色苍白、出冷汗，甚至大汗淋漓、四肢发冷等。

宝宝多汗、情绪急躁、食欲亢进而体重不增，心慌、心悸，眼球突出等。

悉心护理

妈妈如果发现宝宝汗多，首先应该寻找多汗的原因。如果是生理性多汗，妈妈不必过分忧虑，在排除宝宝正常生理反应因素外，正确解决身体不适。

注意宝宝的衣着及盖被。有的爸爸妈妈冬天会拼命给宝宝添加衣服，晚上盖好几床棉被。要知道给宝宝盖得过多，容易致宝宝大量出汗，衣服被汗液弄湿，又没有及时换掉，反而易使宝宝受凉而引起感冒发热及咳嗽。出汗严重的宝宝，由于体内水分丧失过多，还会引起脱水。

及时给出汗的宝宝擦干身体。有条件的家庭，应给宝宝擦浴或洗澡，及时更换内衣、内裤。宝宝皮肤娇嫩，过多的汗液积聚在皮肤皱折处如颈部、腋窝、腹股沟等处，可导致皮肤溃烂并引发皮肤感染。

发现宝宝多汗，应仔细观察有无其他并发症状，及时去医院就诊。如宝宝有活动性佝偻病而多汗，可口服鱼肝油和钙粉，多晒太阳及户外活动。清晨突然出大汗，并有发热，面色苍白，精神萎靡，四肢发冷，应考虑低血糖的可能，可适当补充糖水，再立即去医院，进一步诊治。

发热

人体的体温因人而异，但当宝宝的体温超过37.5℃，通常就意味着发热。发热不是一种疾病，而是一种症状，发生在宝宝身上时，通常是身体对病毒或者细菌感染的一种正常反应。

极少情况下，宝宝有时会因为突发高热引发惊厥发作，这被称为“高热惊厥”。但发病概率很小，1～3岁的宝宝发病率为2%～5%，而且一般不会留有后遗症。如果宝宝有惊厥发作的倾向，爸爸妈妈应咨询医生是否需要使用退热栓剂。

密切观察宝宝症状

很多宝宝的发热由病毒引起，发热是仅有的症状。宝宝一旦出现以下情况之一，爸爸妈妈要立即带他去医院：

发热超过38.5℃、持续发热超过72小时。

惊厥或痉挛发作。

喘息或是呼吸有问题。

严重咽痛、吞咽困难。

不停地哭闹，易怒，烦躁不安。

尿频、尿痛或排尿时有灼烧感。

颈强直（头部不能自由转动和仰头、低头）或下颌不能与颈部接触。

发热伴随呕吐或腹泻。

悉心护理

爸爸妈妈在护理发热宝宝时，最主要的是应让宝宝感到舒服，同时还要观察有无伴随发热出现的症状，寻找可能有助于确诊疾病的相关线索。

洗澡或擦洗宝宝身体时，使用温水而非冷水，直到宝宝的体温降至38.5℃以下。如果宝宝开始发抖，一点点添加热水，缓解宝宝不适。然后用干毛巾擦干全身，毛巾和皮肤之间的摩擦有助于促进血液循环。

宝宝的穿着尽量轻薄透气，衣服太厚会阻碍热量散发。

饮食调理

宝宝发热时，爸爸妈妈要为他提供足够剂量的清凉液体。遵循“多次少饮”的原则，冰块和冰棒都同样有用。如果宝宝不愿意吃固体食物，不要强迫他，满足他对液体的需求。婴儿和低龄宝宝想要喝奶，也可以尽量满足。

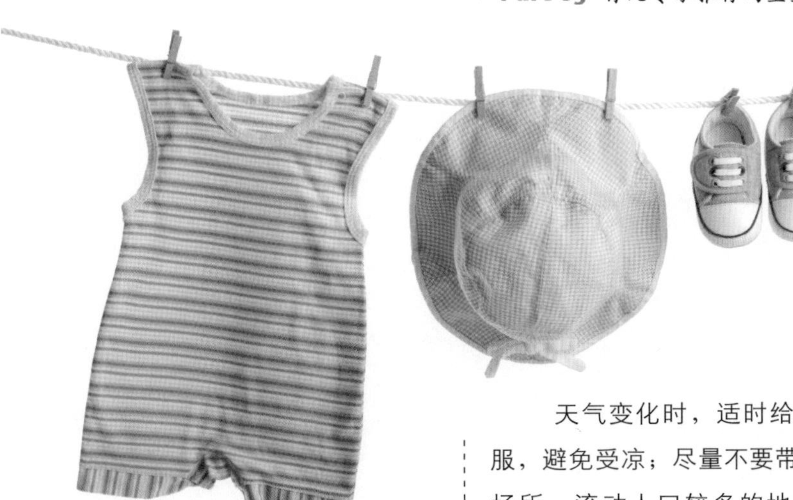

高热惊厥

高热惊厥是婴儿较常见的症状，是中枢神经系统以外的感染导致体温38℃以上时出现的惊厥。爸爸妈妈应了解一些急救知识，这样有助于患儿得到及时准确的治疗，防止发生惊厥性脑损伤，减少后遗症。

密切观察宝宝症状

高热惊厥表现于高热（体温39℃以上）出现不久，或体温突然升高之时，发生全身或局部肌群抽搐，双眼球凝视、斜视、发直或上翻，伴意识丧失。重者出现口唇青紫，停止呼吸1～2分钟，有时可伴有大小便失禁。一次热病过程中发作次数仅一次者为多，历时大约3～5分钟，长者可至10分钟。

悉心护理

为了预防宝宝患高热惊厥，爸爸妈妈应给宝宝加强营养、经常性户外活动以增强体质、提高抵抗力。必要时在医生指导下使用一些提高免疫力功能的药物。

天气变化时，适时给宝宝增减衣服，避免受凉；尽量不要带宝宝到公共场所、流动人口较多的地方去，如超市、车站、电影院等，以免被传染上感冒；如家中大人感冒，须戴口罩，尽可能与宝宝少接触；每天不定期开窗通风，保持家中空气流通。

曾经发生过高热惊厥的患儿在感冒时，爸爸妈妈应密切观察其体温变化，一旦体温达38℃以上时，应积极退热。退热的方法有两种，一是物理退热；二是药物退热。

物理退热包括：温水擦浴，水温应微高于体温，主要擦洗宝宝的手心、足心、腋下、腹股沟等处，但时间宜短，以防再次受凉，加重病情；还可用冰枕，用冰枕枕在宝宝的头部，同时用冷水湿毛巾较大面积的敷在前额以降低头部的温度，保护大脑。

对有过高热惊厥病史的宝宝，家里应常备退热药，还应常备镇静剂。在患感冒或其他热性疾病初期，爸爸妈妈应给宝宝反复多次测量体温，一旦发热至38℃，就应立即口服退热药物，以防体温突然升高，引起抽搐。

出牙期不适

出牙期指宝宝第一套牙齿萌出所需的时间。在这期间，宝宝可能会出现出牙期不适，爸爸妈妈要细心呵护，警惕不良反应。

密切观察宝宝症状

宝宝一旦出现以下情况之一，爸爸妈妈要立即带他去医院：

发热 有些宝宝在牙齿刚萌出时，会出现不同程度的发热。如果体温超过38.5℃，并伴有烦躁哭闹、拒奶等现象，则应及时就诊，请医生检查看是否合并其他感染。

腹泻 有些宝宝出牙时会有腹泻，若次数每天多于10次、水分较多时，应及时就医。

悉心护理

给宝宝安全牙圈或是咀嚼玩具用来咀嚼。当宝宝咀嚼坚硬食物时，确保不会因此引起窒息。

为了保护宝宝的安全，对家庭环境进行处理，不能让宝宝找到可以放到嘴里引起窒息的东西，如插头、电线、小的坚硬物或是装有有毒物质的瓶子或容器。

冷敷疼痛的牙龈。一条蘸满冷水的毛巾就可以起到类似的效果。或是一些特制的、能够被冷冻的牙齿玩具也同样有作用。

妈妈可以用手指摩擦宝宝肿胀的牙龈大约2分钟。这种牙龈按摩也可以起到类似的缓解不适作用，或者可以用小毛巾裹着冰块按摩。

饮食调理

及时正确的添加辅食，是宝宝的牙齿和口腔健康发育的保障。辅食不仅为宝宝乳牙生长提供了必要的营养，而且，有助于牙齿的健康发育。

出牙期间要给宝宝适量增加能补充钙、磷等矿物质及多种维生素的食物。钙和磷等矿物质是组成牙骨质的主要成分，而牙釉质和骨质的形成又需要大量的B族维生素和维生素C，牙龈的健康也离不开维生素A的供给。长期缺乏维生素A，牙齿就会长得小而稀疏甚至参差不齐。

因此，及时为宝宝提供充足的钙、磷矿物质和各种维生素对乳牙发育极为重要。

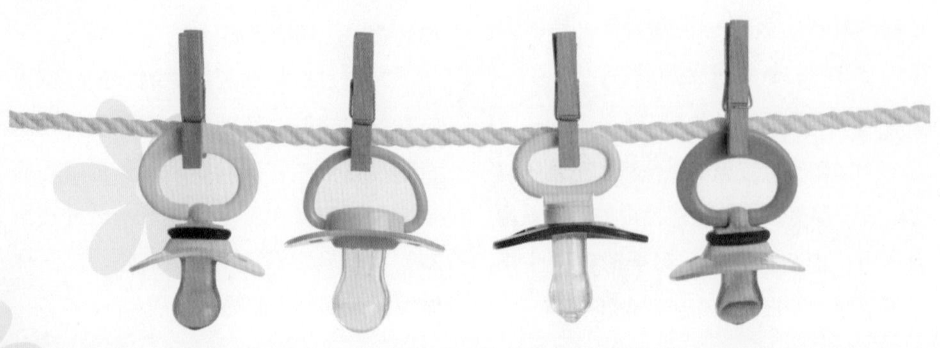

头痛

头痛是婴儿时期常见症状，只不过由于婴儿不会说话，头痛时往往表现为尖声哭闹或烦躁不安。年幼时表达能力欠佳，可表现用手拍打自己的头。所以，爸爸妈妈通过仔细观察婴儿的各种表现，不难发现宝宝患头痛。

密切观察宝宝症状

引起宝宝头痛的原因很多，如发热、精神紧张或过渡疲劳，内分泌或代谢性疾病、高血压或中毒性疾病等，均可引起头痛。此外，头颅及面色五官的各种疾病也可引起头痛。

宝宝一旦出现以下情况之一，爸爸妈妈要立即带他去医院：

头部外伤或从高处跌落后。

疼痛持续超过48小时不消失。

持续呕吐。

双侧瞳孔大小不相同。

颈强直或下颌不能接触到前胸。

持续数小时的严重疼痛，并且在服用止痛药物后不能缓解。

神志不清，言语或视力障碍，或是显著行为改变。

悉心护理

宝宝突然喊叫时，可给他测量一下体温，如果体温高就说明是发热引起的头痛，可按发热情况加以治疗。眼、耳等处的疾患也会引起头痛，要注意观察有无眼、耳的异常。因发热引起的头痛，可在明确病因的同时，

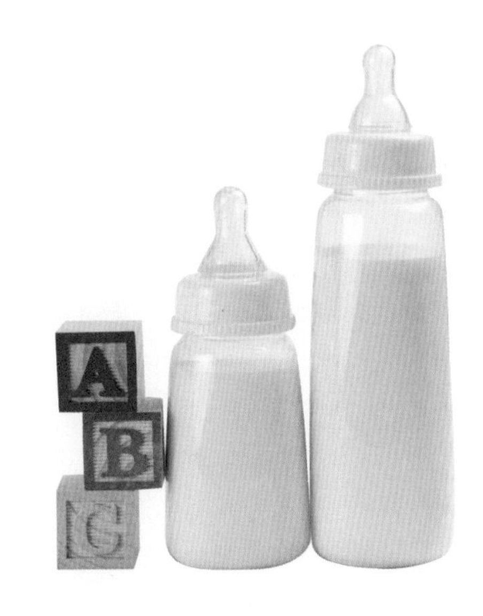

根据医生的指导，口服退热解痛药物。有急、慢性头痛而不伴有发热者皆应引起重视，必须就医查明病因，及时诊断和治疗。

如宝宝因外伤出现头痛、呕吐，甚至昏迷、抽搐时，爸爸妈妈必须保持镇静。首先应让宝宝平卧，如呕吐明显，可将头侧位，保持呼吸道通畅，然后立刻护送到医院，以免贻误诊治。

宝宝头痛护理的重点是减轻疼痛，让宝宝能够正常地进行日常活动。爸爸妈妈可以采用下列做法：

对宝宝的头部和太阳穴进行按摩。

让宝宝在安静黑暗的房间里充分闭眼休息。

可以用湿毛巾冷敷宝宝的前额和眼部。

过敏反应

过敏反应是宝宝免疫系统抵御外界刺激的正常反应。这种反应在某些具有过敏体质的宝宝身上更为显著。

密切观察宝宝症状

人体对很多东西都会产生过敏反应，如吸入物、食物、药物等。宝宝可能会同时对多种物质过敏。

有时，过敏会随着宝宝的长大而突然出现。一些过敏症状与家族遗传有关。一些宝宝在成年后能摆脱过敏的困扰，而另一些将与过敏终身为伴。

一般来讲，往往是由爸爸妈妈发现宝宝的特定过敏源。在出生后1年内出现食物过敏的宝宝中，大概有一半会在两三岁时得到缓解。

宝宝对一些食物的过敏反应，特别是对牛奶或黄豆的敏感，通常更容易自然消退。对坚果、鱼类、贝类等食物的过敏往往持续终生。

宝宝一旦出现以下情况之一，爸爸妈妈要立即带他去医院：

出现任何严重的过敏反应。

出现呼吸困难或喘息。

宝宝的皮肤又湿又冷。

出现肿大瘙痒的皮疹。

丧失意识。

悉心护理

如果你认为宝宝产生了过敏反应，通过仔细观察，找到过敏源。

如果你不能确切地肯定究竟是哪种食物引起的过敏反应，应尝试逐渐减少每餐的摄食种类，每次减少一种食物，持续至少5天。

如果宝宝有药物过敏的经历，请记住服用过的药物名称，包括处方药物和非处方药物。有些时候两种药物相互作用会引起不同的反应。

记录下宝宝的日常活动情况、活动场所，食用过的食物和药物的种类，以及相关的症状。

一旦发现宝宝有过敏的症状出现，咨询医生如何减轻过敏反应或是使过敏反应消失。

最好的防止出现食物过敏的方法就是不要再碰过敏源。这说起来容易，但其实很难做到，因为很多过敏食物，如面粉、玉米淀粉、蛋类、牛奶、调味品和豆类，经常作为食物的添加成分在成分表中出现。

腹泻

当宝宝频繁出现水样或较稀的大便，大便的颜色是浅棕色或绿色，就可以疑似宝宝腹泻了。

密切观察宝宝症状

腹泻常由于小肠感染引起，病毒性胃肠炎往往伴随腹泻，大多数的单纯性腹泻都是由病毒引起，其他可能引起腹泻的微生物包括细菌、真菌和寄生虫。引起腹泻的病毒可以通过食物和水传播。

宝宝一旦出现以下情况之一，爸爸妈妈要立即带他去医院：

大便带血或带有黏液。

高热，体温超过37.5℃，宝宝看上去状态非常不好。

超过6小时未排尿，啼哭无泪。

月龄小于1个月的婴儿出现3次或超过3次的严重腹泻。

持续时间超过半小时的严重腹部绞痛，在腹泻后仍未减轻。婴儿和不会说话的小宝宝腹痛的主要表现是胸膝卧位，大声啼哭，任何试图安慰他的努力都无效。

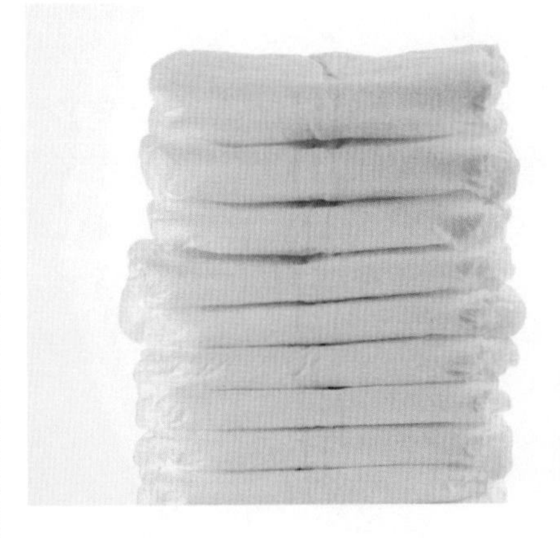

宝宝无法进食，持续呕吐。

在12小时内，年龄小于1岁的宝宝出现8次以上的腹泻。腹泻或呕吐加重，并且在24小时内次数超过12次。

悉心护理

小儿腹泻重在预防，妈妈要特别注意宝宝和家人的卫生。如果宝宝已经患有腹泻，要多观察，加强护理。由于腹泻时宝宝排便次数增多，不断污染着宝宝的小屁股，而排出的粪便还会刺激宝宝的皮肤，因此，每次排便后都要用温水清洗小屁股，要特别注意肛门和会阴部的清洗。如果有发热现象，可用湿热的海绵擦身降温，并让宝宝吃流食。当宝宝恢复后，要逐渐地添加一些清淡的食物。如果是感染性腹泻应积极控制感染，可在医生的指导下治疗；如果病情加重，则应赶快去医院诊治。

宝宝出现腹泻时，不要禁食，以防营养不良，但要遵循少食多餐的原则，每天至少进食6次。此外，还要补充适量的水分，以免宝宝脱水。

便秘

宝宝发生便秘以后，解出的大便又干又硬，干硬的粪便刺激肛门产生疼痛和不适感，而且不敢用力排便。这样就使肠子里的粪便更加干燥，便秘症状更加严重，这时，爸爸妈妈就要采取一些措施了。

密切观察宝宝症状

宝宝一旦出现以下情况之一，爸爸妈妈要立即带他去医院：

出生不到1个月的新生儿出现便秘问题。

超过5天没有排便。

肛门出血。

肛门撕裂或裂伤。

持续腹痛超过2小时。

排便时伴有剧烈疼痛。

粪便污渍在2次大便间出现在内裤或尿布上。

持续4周以上的周期性便秘。

悉心护理

爸爸妈妈在对宝宝进行大小便训练时应给予他足够的支持，使宝宝尽早养成良好的卫生习惯。宝宝坐在坐便器上的时间不要过长，否则他会以为你是在鼓励他这样做。

爸爸妈妈应适当增加宝宝的活动，运动量大了，体能消耗多，肠胃蠕动增加，容易产生饥饿感，自然排泄也旺盛很多。爸爸妈妈不要长时间把宝宝独自放在摇篮里，应该多抱抱他，并适当辅助他做一些手脚伸展、侧翻、前后滚动的动作，以此加大宝宝的活动量，加速宝宝食物的消化。

饮食调理

哺乳期的宝宝便秘时，如母乳喂养者可添加些橘子汁等润肠的食品；如人工喂养者可在牛乳中增加糖量至10%，同时添加橘子汁、青菜汁等以刺激肠蠕动。婴儿可加水果汁、米粉、粥类等辅食，同时增加富含膳食纤维的食品，并鼓励进食用粗粮（如红薯）做的食品及菜泥、碎菜等，有利通便。便秘的宝宝应多饮开水，对通便有好处。

另外，营养过剩和食物搭配不当容易导致便秘。很多爸爸妈妈为提高宝宝的营养，让食物中的蛋白质量很高，而蔬菜相对较少。可以给宝宝吃一些玉米面和米粉做成的食物；还可以喂蔬菜粥、水果泥等辅食，蔬菜中所含的大量膳食纤维等食物残渣，可以促进肠蠕动，达到通便的目的。

食物反流

有的宝宝在进食后会有少量的食物从胃部经过食道返回至口腔，这种现象称为食物反流，这通常是由于宝宝胃发育不成熟而引起的。食物反流通常出现在婴儿出生后1个月至1岁。当宝宝长大一点后，这种现象会有所减轻，直至消失。当宝宝在学会走路的几个月后，胃部能够逐渐发育完善，食物反流的症状就会逐渐得到减轻。

密切观察宝宝症状

宝宝一旦出现以下情况之一，爸爸妈妈要立即带他去医院：

食物反流后出现喷射性呕吐。

呕吐物导致宝宝窒息。

呕吐物中有血迹存在。

体重没有增加。

宝宝情况很差，精神倦怠。

没有正常排便。

悉心护理

在喂食的过程中经常性地轻拍宝宝的后背，帮助排出随着吞咽动作进入胃中的气体（但要注意，不要打断进食，可以适当增加一些间歇时间利于气体排出）。

宝宝进食时的姿势要正确，保持直立。这样宝宝不会在进食过程中改变体位，发生食物反流。

在饭后，保持直立姿势大约1小时。尽量不要让宝宝饭后立刻躺下小憩，当宝宝长大一些的时候，可以在饭后适当活动或坐一会儿。

饭后不要在胃部施压。刚刚吃完东西后避免紧紧拥抱或激烈的活动。

增加喂食的次数，减少每次摄入量。每次给宝宝比常量少28克的食物，在2.5～3小时后再进行第二次喂食，间隔这段时间的目的是为了保证胃部的彻底排空。但是1天内的食物总量不能增加。

专家导航

警惕幽门狭窄

如果宝宝还不到6周，并且在进食中或进食后反复出现喷射性呕吐，宝宝有可能患了幽门狭窄，这是一种先天性疾病。这种症状是进食中或进食后的剧烈呕吐，病因是位于胃部和十二指肠之间的肌肉增厚狭窄（幽门括约肌），使食物不能正常地从胃部进入小肠。通过外科手术扩展增厚的肌肉能够在一定程度上改善症状。

宝宝常见病对症调理和食疗

爸爸妈妈是宝宝健康的“守护神”，宝宝生病时，在进行必要的药物治疗的同时，食物辅助调养必不可少。这样既营养，又无副作用。爸爸妈妈需要了解下面这些婴幼儿常见病的食疗方法，使自己成为宝宝最好的健康保健师。

感冒

感冒是上呼吸道感染的俗称，为宝宝最常见的疾病，多发于宝宝6个月后，一年四季均可发生，多见于季节变换时。

密切观察宝宝症状

宝宝得了感冒，最初的症状就是红润的小脸不那么滋润了，或不像平时那么爱笑了，睡觉也不踏实，爱哭，吃奶或吃饭不香。感冒的宝宝一般会出现鼻塞、流涕、打喷嚏的症状，有时还会轻咳，更严重的还会发热、呕吐、腹泻、哭闹等。

悉心护理

爸爸妈妈要悉心护理好感冒的宝宝，并注意平时生活中的预防措施，主要有以下注意事项：

预防为主 为了预防宝宝感冒，天气变化时，爸爸妈妈要适时给宝宝添减衣服，避免受凉或出汗太多；尽量不要带宝宝到公共场所、人口流动较多的地方去。

充分休息 对于感冒，良好的休息是至关重要的，尽量让宝宝多睡一会儿，适当减少户外活动。

让宝宝睡得更舒服 如果宝宝鼻子堵塞了，爸爸妈妈可以在宝宝头部的褥子底下垫上一两块毛巾，头部稍稍抬高能缓解鼻塞。宝宝流鼻涕时，要选用柔软的纸为宝宝擦，而且动作要轻柔。如果是鼻塞，爸爸妈妈可选用一些滴鼻剂，能起到通气、软化鼻痂的作用。千万不要让宝宝直接睡在枕头上或将枕头垫在床垫下，这样很容易引起窒息或损伤颈椎。

保持空气流通与湿润 即使是宝宝生病了，也要每天开窗通风，让室内拥有充足的新鲜空气。在通风时，不要让风直吹宝宝。爸爸妈妈可以用加湿器增加宝宝居室的湿度，尤其是夜晚能帮助宝宝更顺畅地呼吸。同时别忘了每天用白醋和水清洁加湿器，避免灰尘和病菌的聚集。

对症食疗

宝宝感冒后，爸爸妈妈要照顾好宝宝的饮食，让宝宝多喝一点水，充足的水分能使宝宝鼻腔的分泌物稀薄一点，容易清洁。同时让宝宝多吃一些含丰富维生素C的水果和果汁。尽量少让宝宝吃奶制品，它可以增加黏液的分泌。

[Mother & Baby]

感冒 对症食疗小餐桌

萝卜生姜汁

材料

白萝卜100克、生姜15克、白糖适量。

做法

1 将白萝卜、生姜分别洗净，生姜刮皮切片，白萝卜切块。

2 将切好的白萝卜块、生姜片放入榨汁机中榨汁。

3 将榨好的汁过滤，加入适量白糖即可饮服。

妈妈喂养经

宝宝患风寒感冒后，会出现恶寒无汗，头痛身痛，鼻塞流清涕，咳嗽吐稀白痰，口不渴或渴喜热饮，舌苔发白的症状。

香菜豆腐鱼头汤

材料

淡豆豉30克，草鱼头400克，豆腐250克，植物油、香菜末、葱花、盐各适量。

做法

1 将淡豆豉、草鱼头分别洗净；豆腐用清水浸泡30分钟左右，捞出，洗净，切片。

2 煲锅置火上，加入植物油烧热，将草鱼头和豆腐片放入煲锅中煎，再放入淡豆豉，加入适量清水，用大火烧沸，改小火炖30分钟左右。

3 将香菜末、葱花放入煲锅中煮沸，2分钟后关火，加入盐调味即可。

清热荷叶粥

材料

鲜荷叶5克（也可用干荷叶泡发）、大米50克、白糖适量。

做法

1 将鲜荷叶洗净，切末备用；大米洗净，备用。

2 沙锅内加入适量清水，放入荷叶末煎汁，将汁沥出备用。

3 清水锅中放入大米大火烧沸，再用小火熬煮，待粥将好时再倒入荷叶汁，加入适量白糖调匀即可。

香菜绿豆芽

材料

绿豆芽100克，香菜20克，植物油、盐、醋各适量。

做法

1 绿豆芽择洗干净，用清水浸泡15分钟，捞出沥干水分，切小段，备用；香菜洗净，切段备用。

2 炒锅置火上，倒入植物油烧热，放入绿豆芽迅速翻炒，放入香菜段，加入醋，熟后放适量盐翻炒均匀，即可。

鹅口疮

鹅口疮是由一种白色念珠菌的真菌感染引起的口腔疾病，常见于1岁以内的婴儿。正常情况下，白色念珠菌的繁殖会受到其他细菌的抑制，但当宝宝生病或长期使用抗生素后，正常细菌的数量下降，白色念珠菌就会大量繁殖，导致鹅口疮。

密切观察宝宝症状

鹅口疮容易长在嘴巴里面、颊侧的黏膜及舌头上，或者是口腔后方软腭的位置。其中轻型的不会太大，呈现不规则的圆形，为浅粉红色，有时会有黄白的黏膜在上面，多7～10天会自动愈合。

悉心护理

宝宝患鹅口疮，多是由于奶瓶或奶嘴不干净、消毒不严或混用奶具后交叉感染所引起的。有些则是由于长期腹泻、营养不良等因素所导致的感染。也有一部分是由于新生儿经过母亲患有真菌性阴道炎的产道时感染上的。因此，为了预防鹅口疮，要注意宝宝的奶瓶、奶嘴的消毒，同时也要注意妈妈的手、乳头及宝宝口腔的卫生。

如果宝宝已经患有鹅口疮，爸爸妈妈可以用淡盐水为宝宝清洗局部，然后再涂上0.5%的龙胆紫药水，或用制霉菌素10万单位加少许甘油局部涂抹，每日2～3次；但一般的护理措施不能消除炎症，应尽快带宝宝去医院就诊。

[Mother & Baby]

鹅口疮对症食疗小餐桌

萝卜橄榄汁

材料

白萝卜 50 克、生橄榄 100 克、白糖适量。

做法

1 白萝卜洗净，刮皮，切块；生橄榄洗净，去核。

2 将白萝卜块、生橄榄放到榨汁机中榨汁备用。

3 将榨好的汁过滤，放入小碗内，加入白糖搅匀，再加入适量清水，一起倒入锅中煮沸即可。

妈妈喂养经

白萝卜汁治疗鹅口疮效果明显；生橄榄汁能清肺热，治咽喉肿痛。此汁需凉后服用，每次5克左右，每天2次。

荷叶冬瓜汤

材料

荷叶 5 克（半张，鲜干皆可）、冬瓜 250 克、盐适量。

做法

1 荷叶用清水洗净，撕片；冬瓜用清水洗净，去瓤、去皮，切片备用。

2 煲锅置火上，加入适量清水，放入荷叶片、冬瓜片一起煮。

3 待冬瓜片熟后，将荷叶拣出，用盐调味，饮汤即可。

番茄糯米粥

材料

番茄 100 克、糯米 50 克。

做法

1 番茄用清水洗净，去蒂、去皮，放入榨汁机中榨汁；糯米用清水洗净，备用。

2 煲锅置火上，加入适量清水，放入番茄汁、糯米大火煮沸，转小火熬煮，待粥变稠时即可。

柿饼粥

材料

带霜柿饼 20 克、大米 50 克、白糖适量。

做法

1 大米用清水淘洗干净后，再用水浸泡2小时左右；带霜柿饼切块，备用。

2 煲锅置火上，放入适量清水，放入大米，大火煮沸后再转小火熬煮。

3 待粥渐成时，放入柿饼块、白糖，搅匀即可。

流行性腮腺炎

流行性腮腺炎是腮腺炎病毒侵犯了口腔中的腮腺而引起的一种急性呼吸道传染病，主要发病于冬、春季节。这种病传染性很强，病毒可通过唾液飞沫和直接接触传染。

流行性腮腺炎俗称“痄腮”，宝宝患病一次后，通常可获得终身免疫，很少再患第二次。

密切观察宝宝症状

宝宝被腮腺炎病毒感染后，大约经过2～3周的潜伏期才出现不适症状。大多数患病宝宝，以耳下肿大和疼痛为最早出现的表现，少数患病宝宝，表现为在腮腺肿大的1～2天前，出现发热、头痛、呕吐、食欲不佳等全身不适症状，继而出现一边或两边耳下的疼痛，即腮腺肿起来。肿大的腮腺以耳垂为中心，逐渐向周围扩大，边沿不清，皮肤表面也不红肿，但摸上去却有些发热，伴有疼痛和弹性感。由于张嘴时有疼痛感，所以宝宝不愿吃饭。腮腺肿大在2～3天时达到高峰，一般持续4～5天会逐渐消退，全身不适症状也随之减轻，整个发病过程大约为1～2周。一般来讲，腮腺炎患儿都能顺利康复，但有少数宝宝会出现并发症。

悉心护理

接种流行性腮腺炎活疫苗后可对宝宝起到良好的保护作用。中国卫生部批准使用的流行性腮腺炎疫苗有3种：冻干流行性腮腺炎活疫苗，麻疹、腮腺炎混合疫苗，麻疹、腮腺炎、风疹混合疫苗。冻干流行性腮腺活疫苗在宝宝满8个月时就可接种。在宝宝的上臂外侧三角肌附着处进行皮下注射，接种后反应轻微，少数宝宝可在接种后6～10天有发热，不超过2天而自愈，不需要任何处理，接种的局部一般无不良反应。

对症食疗

多给宝宝吃流食或半流食，如稀粥、软饭、软面条、水果泥或水果汁等；多吃有清热解毒作用的食物，如绿豆汤、藕粉、白菜汤、萝卜汤等。多饮温开水、淡盐水，保证充足的水分，以促进腮腺管口炎症的消退；进食酸性食物时会增加腮腺的分泌，使疼痛加剧。因此，忌进食酸性食物和饮料；忌吃鱼、虾等发物；忌吃不易咀嚼碎的食物。

[Mother & Baby]

流行性腮腺炎对症食疗小餐桌

绿豆粥

材料

大米 100 克、绿豆 50 克、冰糖适量。

做法

1 绿豆洗净，用清水浸泡1小时；大米洗净，用清水浸泡30分钟。

2 煲锅置火上，加入适量清水，放入绿豆、大米，先用大火烧沸，再转小火熬煮成粥，加入适量冰糖搅拌均匀即可。

黄花粥

材料

黄花菜、大米各 50 克，盐适量。

做法

1 黄花菜泡发，洗净，放入沸水锅中焯烫，切成末；大米淘洗干净。

2 煲锅置火上，放入大米，加入适量清水，大火烧沸后再放入黄花菜煮沸，转小火煮至成粥，加入盐调味即可。

凉拌黄花菜

材料

干黄花菜、水发海带丝各 30 克，盐适量。

做法

1 黄花菜去杂质，用温水浸泡30分钟，洗净，海带丝洗净，均切末，备用。

2 沙锅置火上，加入适量清水，放入黄花菜、海带丝煮熟，加入盐调味即可。

妈妈喂养经

妈妈在选黄花菜时，要看外观，凭手感，闻味道。色泽浅黄或金黄，质地新鲜，条身均匀粗壮；手感柔软且有弹性；有清爽香气的就是优质黄花菜。

冰糖蒸鸭蛋

材料

鸭蛋 1 个、冰糖适量。

做法

1 冰糖放入碗中，加入适量沸水溶化，水凉后，将鸭蛋打入碗中，搅拌均匀。

2 蒸锅置火上，加入适量清水，将碗放在屉上，隔水蒸熟即可。

妈妈喂养经

此菜有清热解毒、健脾开胃的食疗作用，妈妈可以让患腮腺炎的宝宝在三餐之间适当食用。

贫血

贫血是宝宝常见的疾病，长期贫血可影响心脏功能及智力发育。贫血是指外周血液中血红蛋白的浓度低于患者同年龄组、性别和地区的正常标准。爸爸妈妈应分析贫血的原因，尽早调节贫血症状。

宝宝贫血的原因

宝宝发生贫血多半是饮食不当引起的。宝宝出生前，从母体内得到足够的铁储存在肝脏，以应付出生后4～6个月内的使用。如果4个月后宝宝不及时添加辅食，身体内的铁用完后，从奶粉或母乳中摄取的铁不能维持正常需要时，就会出现缺铁性贫血。如果被医生诊断为缺铁性贫血后，在积极治疗的同时，爸爸妈妈要注意改善宝宝饮食结构，及时添加含铁量丰富的辅食。

密切观察宝宝症状

当宝宝出现烦躁不安、精神不振、注意力不集中、不爱活动、反应迟缓、食欲减退以及出现异食癖等现象时，应及时找儿科医生检查。如果宝宝的口唇、口腔黏膜、手掌、足底变苍白，更应引起重视，尽快去医院诊治。

对症食疗

正常的6个月的宝宝每100毫升血中所含血红蛋白平均为12.3克。轻度贫血（血红蛋白为9～12克）可不必用药，只需改进饮食营养来纠正。

安排宝宝的饮食，要根据宝宝营养的需要，适当地搭配各种新鲜绿色蔬菜、水果、肝类、蛋类，鱼虾以及鸡、猪、牛、羊肉和动物血，再加豆类食物。要让宝宝多吃新鲜蔬菜、水果，它们富含维生素C，有助于食物中铁的吸收。由于每一种食物都不能供给宝宝所必需的全部营养成分，所以膳食的调配一定要平衡。烹调时，注意色、香、味，以使宝宝喜欢吃。

[Mother & Baby]

贫血
对症食疗小餐桌

黑芝麻糊

材料

黑芝麻 30 克、大米 60 克、红糖适量。

做法

1 黑芝麻去杂质，用清水洗净；大米洗净，沥干后用搅拌机打成末。
2 将黑芝麻炒熟，研成末。
3 煲锅置火上，加入适量清水，放大米末与芝麻末同煮。
4 待粥成后，加入红糖搅匀即可。

乌鸡汤

材料

乌鸡 400 克，陈皮、香油、盐、姜片、葱段、酱油各适量。

做法

1 乌鸡去内脏，洗净后剁块；陈皮洗净，切丝备用。
2 沙锅置火上，加入适量清水，放入鸡块、陈皮丝、姜片、葱段，大火煮沸，转小火炖30分钟，再加入酱油、盐、香油，取汤汁即可。宝宝分顿适量饮用。

妈妈喂养经

贫血的宝宝会有如下症状：皮肤黏膜逐渐苍白；头发枯黄、倦怠乏力、食欲不振、不爱活动或烦躁、注意力不集中，记忆力减退、智能低于同龄儿；少数有异食癖（如喜吃泥土、煤渣）。

红枣花生粥

材料

红枣、大米各 50 克，花生仁（连红衣）100 克，红糖适量。

做法

1 大米洗净，用清水泡2小时；花生仁洗净，用清水浸泡3小时，剁成末；红枣洗净、去核，切碎，备用。
2 清水锅置火上，放入大米、花生仁与红枣熬成粥，待红枣半熟烂时，加入红糖搅匀，稍煮片刻即可。

妈妈喂养经

妈妈一定要注意，不能食用发了霉的花生。因为花生霉变后会含有大量致癌物质——黄曲霉素，吃了对宝宝健康有害。

水痘

水痘是婴幼儿时期的常见疾病，在宝宝之间，水痘非常容易传播，通常在第一个感染者出现症状的14～16天后第二个感染者才会出现相应症状，其病情往往较第一个更加严重，伴随有更多的水痘出现，发热温度也会更高。

密切观察宝宝症状

起初表现为多发的、小的、红色的、高于皮面的疹子，随后变成清亮的水疱，最后变成混浊的水疱。在变得干燥之前，水痘有可能发生破裂或结痂。最后留下一些棕色的硬皮。水痘最先出现在头部和脸部，随后蔓延至四肢和躯干部位。

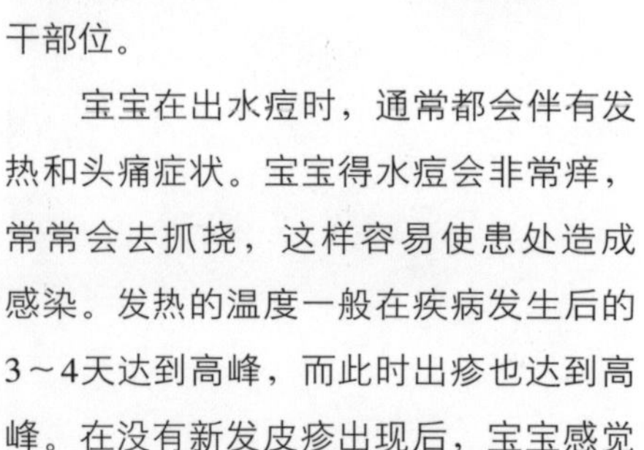

宝宝在出水痘时，通常都会伴有发热和头痛症状。宝宝得水痘会非常痒，常常会去抓挠，这样容易使患处造成感染。发热的温度一般在疾病发生后的3～4天达到高峰，而此时出疹也达到高峰。在没有新发皮疹出现后，宝宝感觉好转并且体温会有相应的下降。

悉心护理

家庭护理的主要目的是减轻宝宝皮肤的不适和瘙痒症状，促进最终的痊愈和结痂。开始的3～4天是最为不舒服的几天，此时宝宝需要爸爸妈妈最细心并且充满爱心的照顾。

在宝宝发病的最初几天中，应每隔3～4个小时进行一次冷水擦拭。放入4勺小苏打或是浴盐，以达到缓解皮肤瘙痒不适的目的。

在沐浴后给瘙痒的小疹子表面涂上炉甘石洗剂。如果宝宝的年龄较大，可以把此步骤变为一个有趣的游戏，让宝宝自己在有疹子的地方自由涂画。

在两次洗澡之间给出足够的时间，让疹子能够干燥结痂。

剪短宝宝的指甲，不要让他抓挠患处，反复抓挠会造成感染。如果宝宝年龄还小，可以在他睡觉的时候，给他带上小棉手套和脚套，避免他在睡觉的时候无意识地抓挠。

对症食疗

爸爸妈妈应鼓励宝宝多喝水。有时水痘会出现在口腔中，在疹子未消退的几天内，进食可能是非常困难的一件事。爸爸妈妈应提供易于咀嚼的无刺激性的食物，避免宝宝进食高盐食物和柑橘类水果（这些食物都会对水痘造成刺激）。

[Mother & Baby]

水痘 对症食疗小餐桌

板蓝根糖饮

材料

板蓝根100克、金银花50克、甘草15克、冰糖适量。

做法

1 板蓝根、金银花、甘草分别洗净，风干备用。
2 沙锅置火上，加入800毫升水，放入板蓝根、金银花、甘草大火煮沸，转小火煎至汤汁为400毫升，去渣，加入适量冰糖搅匀即可。

妈妈喂养经

出水痘的宝宝会发热，全身成批出现红色斑丘疹、疱疹、痂疹。妈妈要让宝宝吃一些易消化及营养丰富的流质及半流质食物。板蓝根糖饮具有清热解毒的功能，每次喝10～20毫升，每日喝2～4次。

金针苋菜汁

材料

黄花菜、马齿苋各30克，白糖适量。

做法

1 将黄花菜泡发，用清水洗净；马齿苋洗净备用。
2 沙锅置火上，加入适量清水，放入黄花菜、马齿苋，先用大火烧沸，再用小火煎煮20分钟左右。
3 去渣留汁，加入白糖搅匀即可。

金银花甘蔗茶

材料

金银花10克、甘蔗汁100毫升。

做法

1 金银花洗净，放入沸水锅中煎成100毫升的汁液。
2 将煎好的金银花汁对入甘蔗汁即可。

三豆粥

材料

红豆、绿豆、黑豆各30克，白糖适量。

做法

1 红豆、绿豆、黑豆分别去杂质，用清水洗净。
2 沙锅置火上，加入适量清水，放入三种豆子，先用大火煮沸，再转小火煮1小时，去渣留汁，加入白糖调味即可。

地丁薏米粥

材料

薏米30克、大米60克、地丁草22克、白糖适量。

做法

1 薏米、大米淘洗干净，再用水浸泡2小时；地丁草洗净，切成末。
2 煲锅置于火上，放入薏米、大米、地丁草末，加入适量清水，大火煮沸后转小火炖至粥熟，加入白糖调味即可。

妈妈喂养经

此粥可促使水痘透发，患有水痘且体质较弱的宝宝可适当食用。

湿疹

湿疹是常见的皮肤敏感现象，常见的湿疹属于一种过敏性皮炎。宝宝患过敏性皮炎的同时伴有其他的过敏症状，如：哮喘或者发热等，都是常见的反应。

密切观察宝宝症状

一般宝宝湿疹是成片的，红色的，又密又粗糙的鳞状皮肤。症状轻时一般是浅红色或淡粉色，严重时是深红色，通常很痒。面颊、前额是湿疹最常见的部位。但宝宝年龄不同，湿疹常发生的部位也不同。对于1岁以内的宝宝，湿疹无处不在，它会发生于全身各处，肩膀、胳膊、胸部等都是湿疹喜欢的落脚点。

悉心护理

宝宝皮肤出现湿疹，爸爸妈妈精心的护理不但能防止并发症的发生，还会减轻症状。

因为洗澡会让皮肤干燥，所以要减少洗澡的次数。在宝宝洗澡的时候，水中添加不含香精的婴儿油。湿疹对肥皂非常敏感，应少用肥皂，而且尽量让宝宝使用没有香精的温和肥皂。

坚持在洗澡之后为宝宝涂油性较大的润肤乳（比如凡士林），这样可以使他的皮肤柔软，防止皮肤干燥，减轻瘙痒。避免使用含有酒精的护肤品，这些护肤品会让皮肤更加干燥，而且会让湿疹更加严重。很多润肤乳液中都含有酒精成分，因此需仔细阅读产品的标签。

修剪宝宝的手指甲和脚趾甲，防止他因为瘙痒抓破皮肤。他可能在睡觉的时候不知不觉地抓挠皮肤，你可以在这时候给他戴上纯棉的手套。

不要给宝宝穿过多的衣服，过多的衣服会让宝宝出汗，使瘙痒更加严重。

使用婴儿专用的洗涤剂来洗涤宝宝的衣物，洗后要用清水多浸洗几次，彻底将洗涤剂的残留洗净。

对症食疗

宝宝患湿疹时，爸爸妈妈要注意以下的饮食事宜：

饮食应以清淡为主，多吃蔬菜、水果，注意饮食规律，不偏食。

可以适量给宝宝饮用菊花茶。

绿豆汤有清热解毒的作用，不妨在宝宝患湿疹时喂宝宝一些。

可以给宝宝吃些冬瓜煮稀饭。

宝宝患湿疹时也可吃山楂麦芽汁。

宝宝患湿疹时，金银花也是不错的选择。

[Mother & Baby]

湿疹 对症食疗小餐桌

黄瓜煎水饮

材料

黄瓜 50 克、白糖适量。

做法

1 黄瓜洗净，剖开去子，切成条。
2 沙锅置火上，加入适量清水，放入黄瓜，先用大火煮沸，再转小火煮3分钟，加白糖调味即可。

妈妈喂养经

湿疹是婴幼儿时期常见的皮肤病之一，属于变态反应性（或称为过敏性）疾病，确切的病因至今仍未找到。如果宝宝患了湿疹，妈妈要注意合理膳食，减少膳食中的食物致敏源。

绿豆海带粥

材料

绿豆 30 克、水发海带 50 克、糯米 100 克、红糖适量。

做法

1 绿豆去杂质，洗净，用清水浸泡1小时左右；糯米洗净；海带用清水冲洗3～5遍，切末。
2 沙锅置火上，加入适量清水，放入绿豆、糯米大火煮沸，转小火熬煮成粥。
3 粥熟时，放入海带末再煮3分钟，加入红糖搅匀调味即可。

荷花粥

材料

初开荷花 50 克、糯米 100 克、冰糖适量。

做法

1 荷花、糯米分别用清水洗净，荷花切丁备用。
2 沙锅置火上，加入适量清水，放入糯米，先用大火煮沸，再转小火熬煮成粥。
3 粥熟后放入冰糖、荷花，煮沸后再煮2～3分钟即可。

妈妈喂养经

荷花能活血止血、清热解毒，用其煮粥，可以辅助治疗小儿湿疹。

绿豆百合薏米汤

材料

绿豆、百合各 30 克，薏米、芡实、山药各 15 克，冰糖适量。

做法

1 绿豆洗净，浸泡1小时左右；百合泡发，与薏米分别洗净；芡实去杂质，洗净；山药洗净，去皮，切块。
2 煲锅置火上，加入适量清水，放入绿豆、百合、薏米、芡实、山药块，先用大火煮沸，再转小火炖至材料熟烂，放入冰糖搅匀即可。

妈妈喂养经

绿豆百合薏米汤具有清热解毒、健脾除湿的食疗作用，特别是对脾虚湿盛型湿疹。对于皮损不红、渗出较多、瘙痒不剧并有口腔炎的宝宝，可适当饮用。

哮喘

哮喘是婴幼儿常见的一种呼吸道疾病，多见于春秋季节。中医认为本病的发生与肺、脾、肾三脏不足有关，气候突变、寒温失宜、饮食不当等为本病的诱发因素。

密切观察宝宝症状

宝宝哮喘发作时，一般表现为通往肺的小气道的痉挛、阻塞和狭窄，由于气道的感染和肿胀引起喘息，会从胸部而非喉咙深部发出高频激烈的声音。同时，宝宝胸部会有压迫感，伴有咳嗽、呼吸困难等症状。

宝宝一旦出现以下情况，爸爸妈妈要立即带他去医院：

高热超过37.5℃，持续24小时。

喘息或呼吸困难。

脱水的征象（嘴唇开裂、无泪、尿少或嗜睡、易激惹）。

由于呼吸急促导致不能说话。

不能耐受药物。

痰的颜色从白色变为黄色或绿色。

皮肤、嘴唇或牙床变成蓝色。

不能得到很好的休息。

睡眠过多。

在进行家庭治疗24小时后没有好转的迹象。

悉心护理

爸爸妈妈在护理患了哮喘的宝宝时，要根据病情的严重程度来采取不同的办法。对于哮喘急性发作的宝宝，爸爸妈妈要做到：

抱住或轻轻摇动宝宝，使他保持安静，因为紧张也会引起气道的痉挛。同时不要给宝宝应用任何止咳剂。

在接触冷空气前，用围巾保护好宝宝的鼻子和嘴巴，这样宝宝吸入的就是较为温暖的空气，降低哮喘的发作率。

使用合成材料制成的枕头，不要用羽毛制品。

用热水每周清洗床罩和床上用品。

不要把床罩等物悬挂在户外晾干，灰尘会聚集在上面。

每周使用吸尘器清理房间，减少皮屑、真菌、尘螨的侵袭。

定期更换暖气和空调的过滤网。

对症食疗

爸爸妈妈要鼓励宝宝多进食液体；温热的液体所起的效果远远比冷的效果好。在宝宝哮喘发作期间，液体供给非常重要，少量多次易于被宝宝所接受，如果宝宝在1～2天内没有摄入什么固体食物，爸爸妈妈不要太过担忧，相比而言，足够的水分更加重要。

[Mother & Baby]

哮喘 对症食疗小餐桌

冰糖白果饮

材料

白果仁10克、冰糖适量。

做法

1 白果仁去壳，洗净，风干。
2 平底锅置火上，放入白果仁，用小火炒熟。
3 将白果仁和冰糖一起用搅拌机打碎，用沸水冲泡饮服即可。

妈妈喂养经

哮喘是婴幼儿常见的呼吸系统疾病，通常被分为发作期和缓解期。发作期的寒性哮喘临床特点为咳嗽，哮鸣，呼气延长，气急喘促，痰液清稀、色白多沫，四肢不温，面色苍白或伴鼻塞流涕。治疗时宜宣肺散寒，化痰平喘。

杏梨枇杷饮

材料

甜杏仁、枇杷叶各10克，大鸭梨1个，冰糖适量。

做法

1 杏仁、鸭梨、枇杷叶分别用清水洗净，杏仁去皮尖，捣碎；梨去皮、核，切块；枇杷叶去毛，在火上烤干。
2 沙锅置火上，加入适量清水，放入杏仁末、鸭梨块、枇杷叶大火烧沸，转小火煎30分钟左右。
3 去渣留汁，放入适量冰糖调味即可。

南瓜红枣泥

材料

南瓜300克、红枣20颗、红糖适量。

做法

1 南瓜去皮、瓤，用清水洗净，切块；红枣去核，用清水洗净。
2 沙锅置火上，加入适量清水，放入南瓜块、红枣大火煮沸，再用小火煮至南瓜、红枣成泥，放入红糖搅匀即可。

妈妈喂养经

南瓜润肺益气、化痰排脓，此菜常食对缓解哮喘症状，有一定效果。

五味汤

材料

黄豆50克、玉竹10克、山药15克、黄芪20克、梨1个、冰糖适量。

做法

1 黄豆去杂质，洗净；玉竹洗净；山药洗净，切块；黄芪洗净；梨洗净，去核，切成块。
2 沙锅置火上，加入适量清水，放入黄豆、玉竹、山药块、黄芪、梨块，先用大火煮沸，再转小火炖熟，去渣留汁，加入冰糖调味。

妈妈喂养经

发作期热性哮喘的临床特点为咳嗽哮鸣，痰多色黄，口渴咽干，大便干结或伴有发热，可适当喝此汤。

Part 04

一学就会的宝宝成长抚触按摩法

源自父母最真诚的爱

Chapter 01 按摩是宝宝食疗的完美补充

对婴儿进行抚触按摩不仅是爸爸妈妈与宝宝情感沟通的桥梁，还有利于宝宝的健康。它具有帮助宝宝加快新陈代谢、减轻肌肉紧张等功效。通过对宝宝皮肤的刺激使身体产生更多的激素，促进对食物的消化、吸收和排泄，加快体重的增长。按摩活动了宝宝全身的肌肉，使肢体长得更健壮，身体更健康。按摩还能帮助宝宝睡眠，减少烦躁情绪。让宝宝对自己的身体产生意识，对于剖腹产的宝宝，按摩可以增强触觉敏感度，功效更是不可比拟。

婴儿抚触按摩的基本手法要求

给婴儿按摩的基本手法要求是均匀、柔和、轻快和持久。只有严格遵循这些基本手法要求才能很好地达到调节婴儿脏腑、气血、阴阳的功效。

均匀

在给婴儿按摩的时候，手的动作要有节奏性。同一种按摩、同一种手法，速度要均匀，轻重要得当。推的时候要平直，频率要快一些；揉的时候要轻重适宜，频率适中；按的时候要稍稍重一些，频率慢一些。这样皮肤娇嫩的婴儿才能接受。掐、捏等的要求是快和少，在掐、捏之后经常需要连上按和揉。一般来说，婴儿按摩是一系列动作，手法交替要连续，不要随意中断。

柔和

对婴儿的按摩都是以柔和为主的。柔和指的是按摩的时候手的力道要平稳、缓和，在婴儿能接受或者不反抗、不哭闹的前提下进行。

轻快

给婴儿按摩的手法较成年人来说，速度要快一些，力度要轻一些。因为婴儿的皮肤柔嫩，还不太能承受重力。

所以按摩的力道虽然轻，但不间断的甚至是连续的刺激穴位还是能产生很好的良性治疗效果的。总的原则就是不要让婴儿感到不舒服。

持久

按摩者要耐心、细致，除了保证质量之外还要保证时间。因为给婴儿按摩的手法比较轻，操作的部位也和成人的有所区别，所以就需要医生或者爸爸妈妈保证一定时间的持久按摩，以保证效果。

均匀、柔和、轻快、持久都是婴儿按摩者所必备的基本要求。爸爸妈妈自己在家对婴儿进行按摩的时候更要忌随心所欲，否则是无法达到防病祛病、强身健体的目的的。

抚触按摩的注意事项

婴儿的皮肤非常柔嫩，所以在给婴儿按摩的时候还要注意以下几点。

态度和蔼

婴儿很可能因为各种情况而哭闹、反抗，所以就要求爸爸妈妈或者医生有足够的耐心去安慰他们。

保证手部清洁

手部的清洁包括两个方面：一方面是要勤修指甲，过长的指甲不仅会藏匿非常多的细菌，而且还会伤害婴儿幼嫩的皮肤。但指甲也不宜修得过短，过短的话按压穴位就会达不到应有的力度；另一方面是在给婴儿按摩之前要勤洗手，保证手部的清洁，同时在冬天的时候要保证手部的温暖。按摩的时候要轻而不浮，重而不滞，力度适中。

环境事宜

按摩的时候要保证室内光线充足、空气流通、温度适宜、环境安静、婴儿状态良好。

按摩次数

按摩的次数要根据婴儿具体的情况而定，一般来说建议一日一次就可以了，如有必要可增加为一日两次或者三次，但没必要过于频繁。另外，和其他任何一种治疗手段一样，婴儿按摩也不可能包治百病或者一次性地手到病除，需要爸爸妈妈坚持才能收到很好的疗效。

时间合理

婴儿最佳的按摩时间是在就餐30分钟后，过饥或者过饱都不适合按摩；另外婴儿身上有伤口的时候不适合按摩；按摩之后要注意避免风吹、着凉，不要马上给婴儿吃冰凉的水果或者饮料。婴儿的脏腑器官还未发育完全，在具体操作某个按摩手法的时候，一定要按照下文中描述的方式进行，切忌随意更改力度、次数和位置，否则错误的按摩可能会引发非常严重的后果。

妈妈必学的婴儿抚触法

婴儿抚触法是一种特殊的按摩方法。充满爱心的抚触，不仅能促进婴儿血液的循环和肌肉的协调，更重要的是，能满足宝宝渴望被爱被关怀的情感需求，消除孤独、焦虑、恐惧等不良情绪，让宝宝身心发育更健康。

抚触前的准备事宜

快乐的心情和关爱的笑容。

剪短指甲并打磨光滑，去掉死皮。

取下戒指、手镯等可能伤到宝宝肌肤的饰物。

为宝宝准备一些无刺激的润肤油或橄榄油。

用温水清洗干净手，涂上润肤油或橄榄油。

房间温度以23～25℃为最适宜。

选择中速、轻柔而有节奏的音乐。

抚触时间

沐浴后抚触。

宝宝就餐30分钟后抚触。（注意：腹部的抚触在此时力度不宜过大）

宝宝不犯困、精神较佳的其他时间抚触。

特别提示 Message

可以通过抚触帮助宝宝认识身体的部位。比如抚触宝宝的眉毛时，边做边问："你的眉毛呢？"这样问一段时间后，将问句改为肯定句："这是宝宝的眉毛。"

不宜抚触的情况

婴儿啼哭时应寻找原因，不应抚触。如果抚触中间啼哭或有不高兴情绪时也应停止这一节，改做下一节；若仍啼哭则停止抚触，抱一会儿或让宝宝睡一会儿，情绪变好时再做。

抚触过程中孩子睡着了，说明效果很好，应停止抚触，让宝宝睡。

宝宝皮肤有受伤时不应抚触，但可抚触其他不痛的部位。

宝宝发热（黄疸或腹泻）、身体不适、预防疫苗注射完48小时内，不要做抚触按摩。

抚触要点

最初为宝宝抚触时用力一定要轻且柔，然后逐渐增加推压力度。

抚触不是妈妈的“专利”，爸爸和其他家庭成员也可以为宝宝抚触。无论是谁，抚触时一定要专注地看着宝宝的眼睛，温柔地微笑并注意适时地与宝宝进行交流（比如编些与抚触内容有关的儿歌）。

新生儿的腹部抚触须在脐痂完全脱落后进行。

左边上、下肢的抚触可比右边多一次，以刺激右脑的发育和成长。

注意安全，保证周围不要有硬物磕着宝宝，尤其是为宝宝翻身时。

为宝宝做腹部抚触时，因为腹部面积大，要切实注意两手的温度，温暖的手放在宝宝的肚子上才会让他舒服。腹部的抚触重点在结肠，但由于整个腹部都会接触到，所以用力要稍大，手部一定要润滑。

抚触面部

舒缓面部肌肉、明目、醒脑等。

01 眉部

抚触者两手拇指水平置于宝宝的两眉头上部，其他四指放在头的后面。拇指自眉头上部向双颞侧水平推压至太阳穴处停止。或可继续至耳后或向下滑动至颈部结束整个动作。重复 3 次。

02 鼻两侧

抚触者两手拇指置于宝宝眼眶下、鼻的两侧，其他四指放在头后。两手拇指沿鼻梁两侧向下推压至鼻翼两侧后，拇指渐转为水平状绕过颧骨继续推压至宝宝耳前停止。重复 3 次。

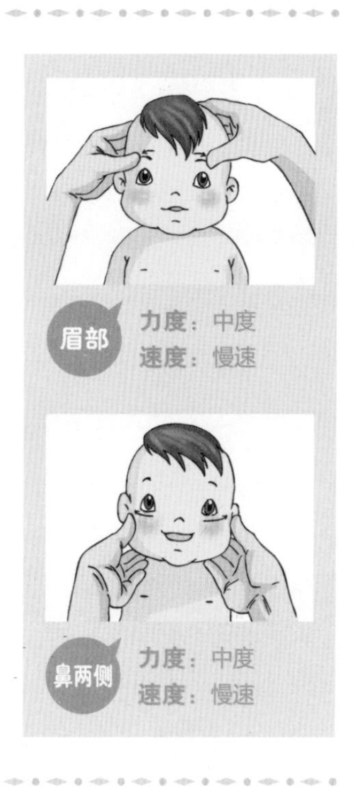

抚触胸部

舒展胸大肌，促进血液循环及胸式呼吸，增加胸部运动。

01 胸大肌舒展

抚触者两手展平，置于宝宝胸部中央。指尖自胸骨下开始，全手掌面紧贴前胸向上推动，五指碰到锁骨后，慢慢推向两侧肩胛骨。重复 4 次。

力度：稍大，可看到指尖前的皮肤皱纹。
速度：慢速

扩胸
力度：中度
速度：慢速

02 扩胸运动

抚触者两手握住宝宝的双手，向两侧水平伸展，然后向身体的中心部位交叉抱臂，右臂在上；再向两侧水平伸展，然后向身体的中心部位交叉抱臂，左臂在上。重复 4 次。

抚触腹部

促进肠蠕动，使大便通畅，增强胃肠功能等。

抚触者右手指尖向左放在宝宝下腹部，全手掌沿顺时针方向推向左上腹，再转向右上腹、右下腹终止（图 1）。随着右手，左手并排跟进，沿同一轨迹至右下腹处终止（图 2）。重复 3 ～ 4 次。

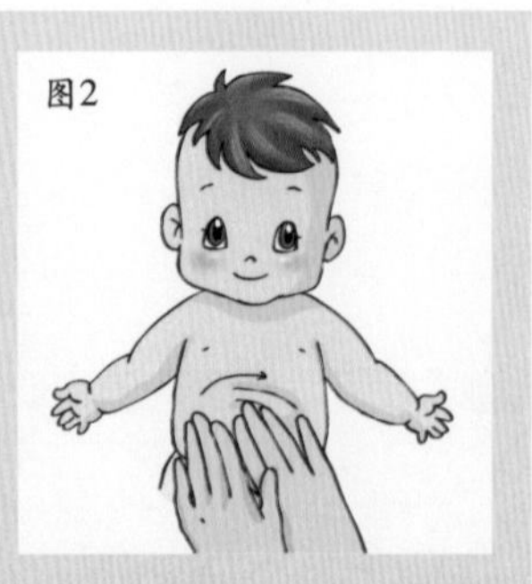

腹部
力度：稍大
速度：慢速

抚触上肢

刺激全身各穴位，同时也是清洁手掌的过程。

01 搓手心

宝宝的手心朝上，抚触者将右手拇指放在宝宝横掌纹前部，并以此为支点用食指沿宝宝手掌部顺时针做环状搓动。右手 16 圈，左手 24 圈。

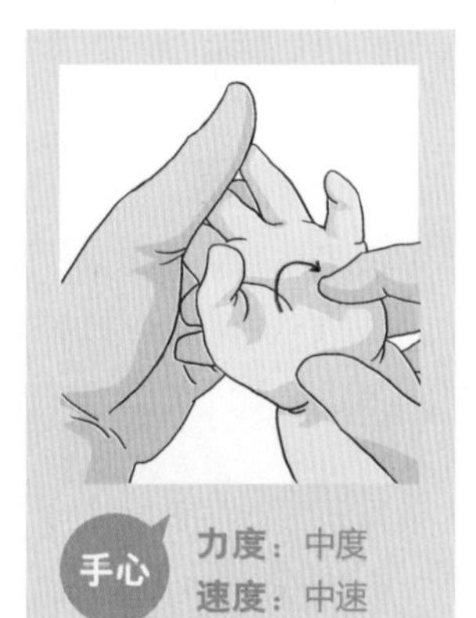

手心
力度：中度
速度：中速

02 搓手背

宝宝的手背朝上，抚触者将食指、中指置于宝宝手掌下，与无名指和小指配合轻轻用力夹住宝宝手指，两拇指一前一后在手背上搓动。右手搓 16 下，左手搓 24 下。

03 转搓手指

抚触者用拇指、食指、中指轻轻拿起宝宝的1根手指，由指根处向指尖转搓，从大拇指依次到小拇指。右手每根手指做2次，左手做5次。

04 抚触合谷

合谷穴位于拇指和食指延长线交叉前面，抚触者用拇指尖沿顺时针方向揉动。右手20～30圈，左手30～40圈。

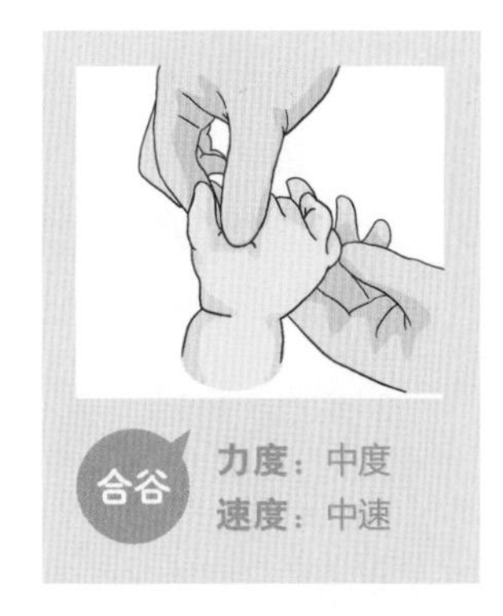

合谷

力度：中度
速度：中速

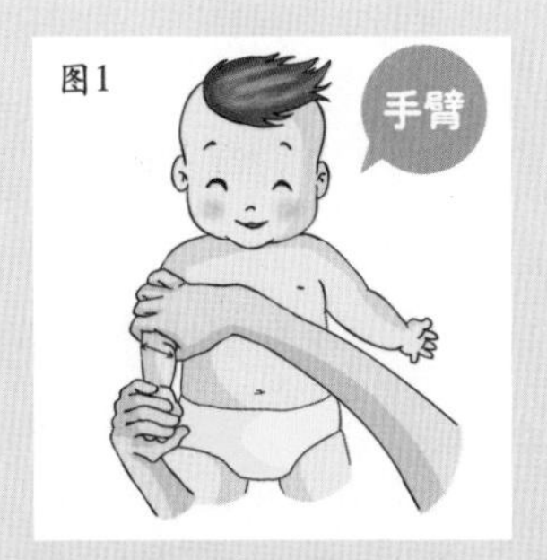

力度：手心全面与宝宝的手臂接触，但不要伤到宝宝皮肤。
速度：中速

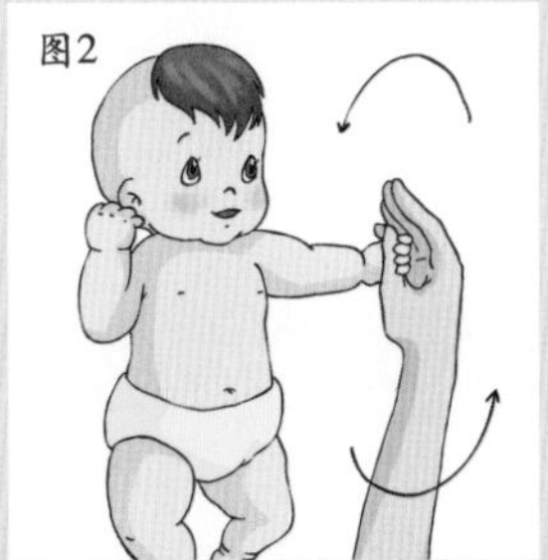

力度：转动时跟随宝宝的身体来用力，不要弄痛宝宝。
速度：中速

05 搓动手臂

抚触者右手拇指在下，其他四指在上，松松地环在宝宝手臂上，左手握住宝宝5根手指，以自己的腕关节为轴心，手背拱起后做前后转动的同时，自腕关节移动至肩关节，再移回至腕关节处为一个完整的过程。

06 手臂大运动

将宝宝手臂提起与身体呈90°处，以肩部为轴向外做循环转动一周后回到原位。两臂各重复4次。

抚触下肢

脚底有全身的穴位，按脚心可促进全身器官功能的健全。松筋练骨，增加运动。

01 搓脚心

宝宝仰卧，抚触者将右手拇指放在宝宝脚跟处，并以此为借力轴心，使食指沿宝宝脚底内（外）沿做顺时针环状搓动。右脚16圈，左脚24圈。

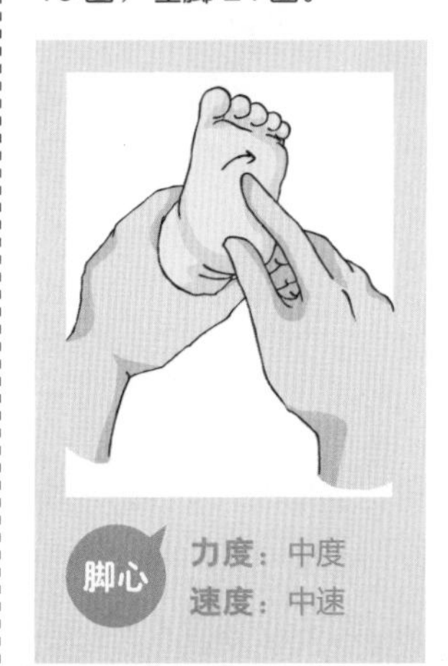

脚心

力度：中度
速度：中速

02 | 按脚背

宝宝仰卧，抚触者将两手食指、中指置于宝宝脚下，与无名指、小拇指配合轻轻用力夹住宝宝的小脚（图 1），两手大拇指横向一上一下搓动（图 2）。右脚搓 16 下，左脚 24 下。

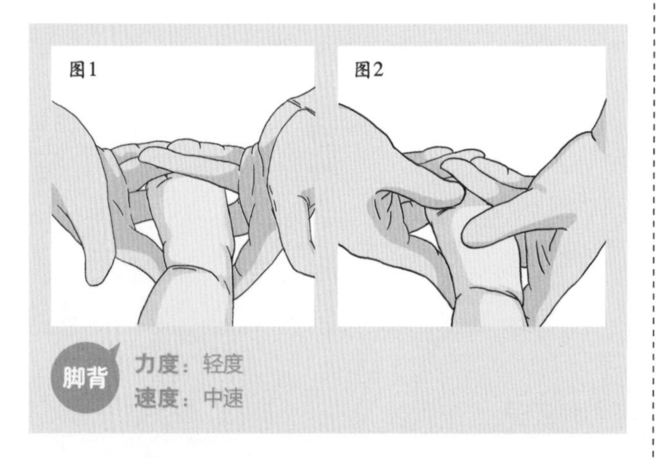

脚背 力度：轻度
速度：中速

03 | 搓转脚趾

抚触者用拇指、食指、中指轻轻拿起宝宝的一根脚趾，由趾根向趾尖搓转。从大脚趾依次至小脚趾。右脚每根脚趾搓转 3 次，左脚做 5 次。

04 | 膝部弯曲

宝宝仰卧，抚触者执宝宝双腿，先抬起宝宝的右腿向腹部推动，使宝宝大腿紧贴其腹部后收回右腿，再抬起左脚做同样的运动。重复 4 次。

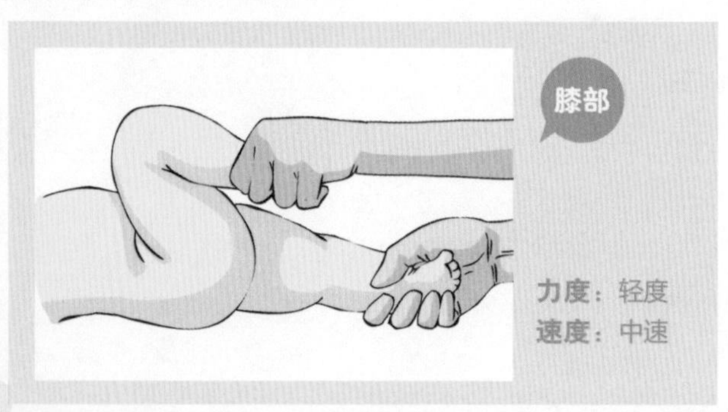

膝部 力度：轻度
速度：中速

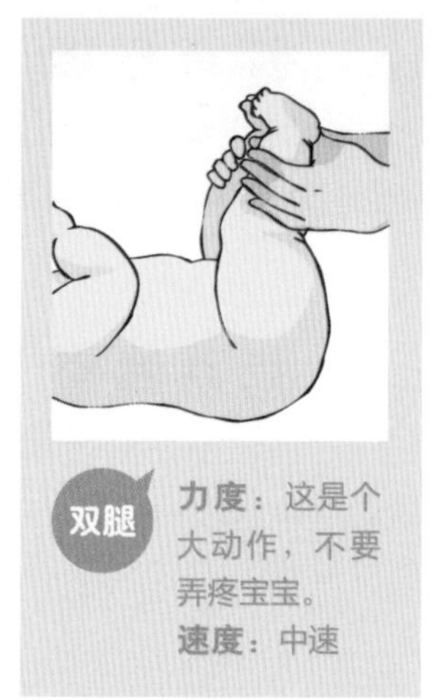

双腿 力度：这是个大动作，不要弄疼宝宝。
速度：中速

05 | 双腿上举运动

宝宝仰卧，抚触者将双手放在宝宝的膝前部，拇指按在宝宝的小腿肚处，向上举起双腿达 90°，再复原，重复 4 次。

特别提示

早期抚触就是在婴儿脑发育的关键期给脑细胞和神经系统以适宜的刺激，促进婴儿神经系统发育，促进生长及智能发育。

06 双腿外展运动

宝宝仰卧，抚触者两手握其膝部向上推（图1），待膝弯曲后，慢慢做外展运动，顺势轻轻试着用力直至两膝接触床面（图2），再回原位。重复4次。

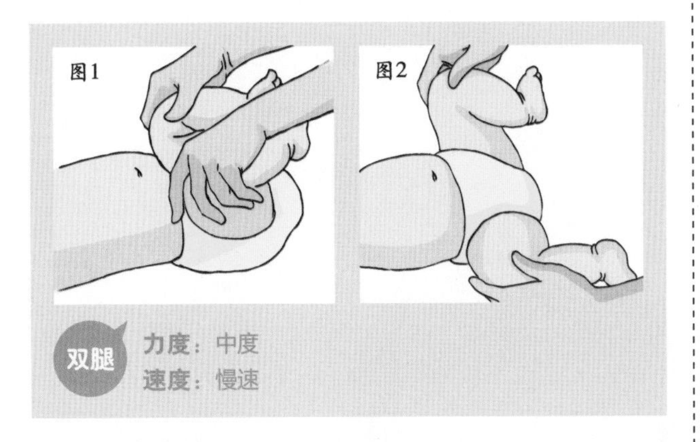

抚触背部

人体腹为阴，背为阳，腹有任脉，背有督脉，凡有关功能的经络都要循此经过，所以搓动督脉，可动员全身阳气，尤其是强化脾功能。

01 捏脊

宝宝俯卧，抚触者将两食指弯曲，指背向下放在长强穴（脊椎最下端）（图1），顺着脊椎两侧向上推动至皮肤起褶皱（图2），分3次推至大椎穴（颈椎下的隆起处）。重复3次。

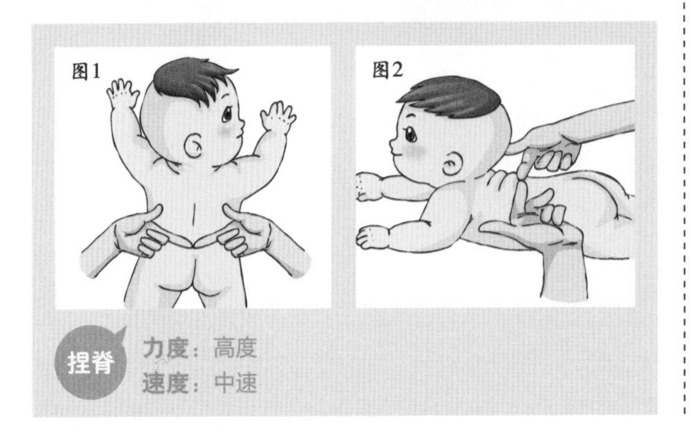

02 按脾俞胃俞

捏脊两次后按脾俞、胃俞。在两侧胸廓下缘向中央连线，交叉在脊椎，其两侧的肌肉就是脾俞的位置。胸廓中央部向中连线至脊椎，其两侧肌肉就是胃俞。每穴用双手拇指按压2次。

03 按肾俞

捏脊三次后按摩肾俞。在第二腰椎下脊椎两侧为肾俞，两手指横放向两侧分开，轻轻按压3次。

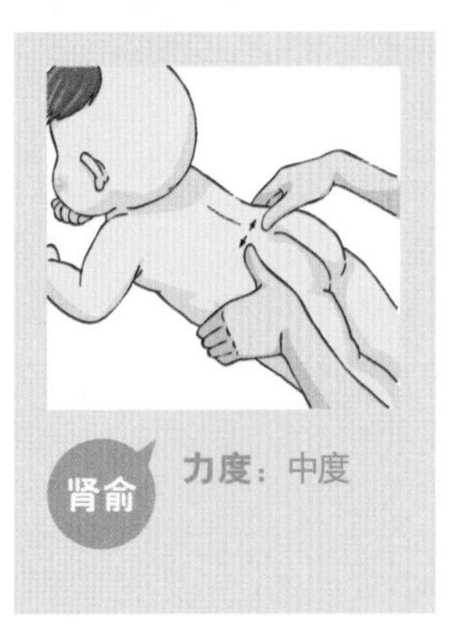

Chapter 03 健脑益智——头面部按摩

为婴儿面部按摩可以舒缓宝宝面部肌肉、明目、清醒头脑，帮助大脑发育及视觉系统成熟，同时，爸爸妈妈开始按摩时要轻轻抚触，逐渐增加压力，好让婴儿慢慢适应起来。

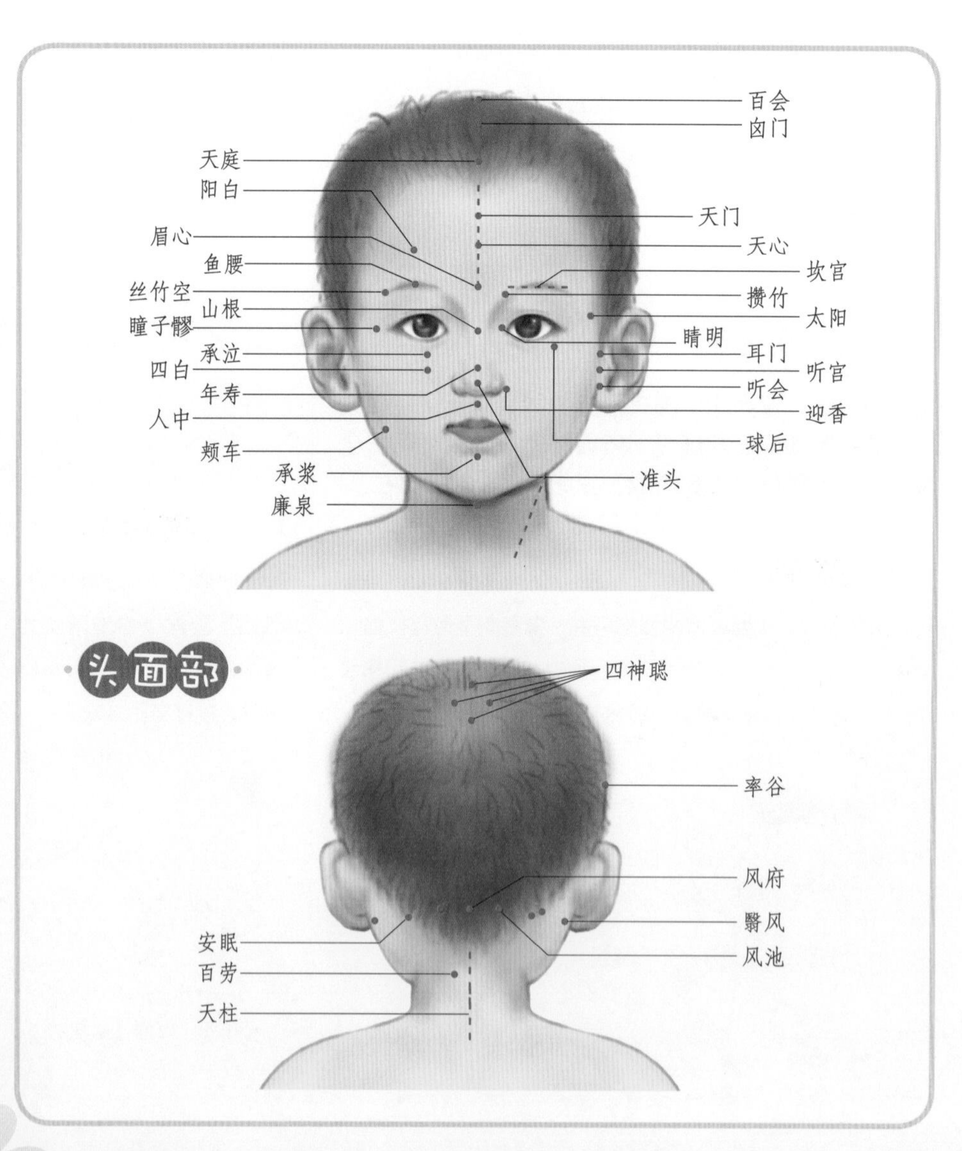

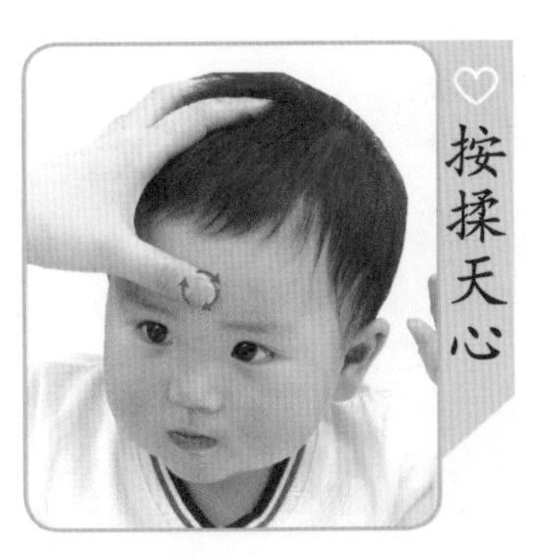

01

● 主治：头昏、头痛、眩晕、失眠、鼻窦炎等。

● 位置：在额正中，略下于天庭。

● 操作方法：婴儿坐位，拇指指端或螺纹面按揉天心，施术30～50次。

02

● 主治：外感发热、惊风、头痛。

● 位置：眉弓位于眉上，自眉头起沿眉向眉梢成一横线。

● 操作方法：婴儿坐位或仰卧位，按摩者以两拇指指端的桡侧，自眉头向眉梢作直线分推，称推坎宫（推眉弓），施术30～50次。

03

● 主治：眼病、口眼歪斜。

● 位置：头正中线，入发际0.5寸处，属督脉。

● 操作方法：婴儿取坐位或仰卧位，按摩者用拇指指甲掐天庭穴，掐3～5次。

04

● 主治：外感发热、头痛、感冒、精神委靡、惊惶不安等。

● 位置：两眉中点（眉心）至前发际成一直线。

● 操作方法：以推法为主。婴儿坐位或仰卧位，按摩者两手扶住婴儿头部，用两拇指指腹，自两眉中间自下往上推起，交替直推至前发际，称推攒竹，又叫开天门，施术30～50次；按摩者以拇指指腹由下至上按，按天门5～10次。

05 按揉眉心

● 主治：惊风、惊痫、眼睛斜视或内外翻、鼻塞流涕等。

● 位置：两眉头连线的正中间点。

● 操作方法：婴儿坐位或仰卧位，按摩者一手扶婴儿头部，以另一手拇指掐此穴，称掐眉心，掐3～5次；以拇指推此穴称为推眉心，推30～50次；以拇指或中指端揉称为按揉眉心，按揉30～50次。

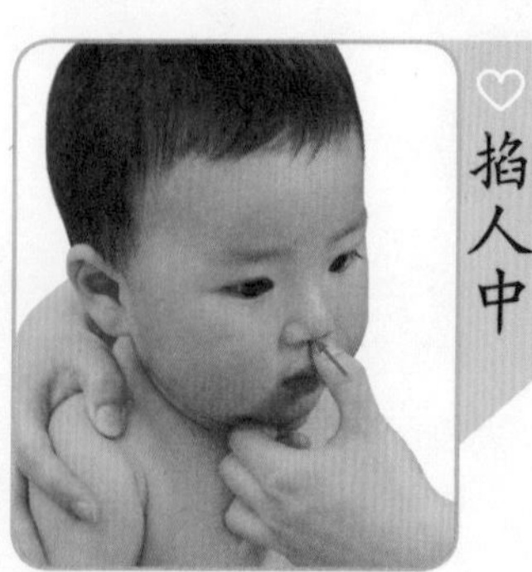

06 掐人中

● 主治：人事不省、窒息惊厥。

● 位置：人中位于人中沟上1/3与下2/3交界处。

● 操作方法：婴儿仰卧位或坐位，按摩者以一手扶住婴儿头部，以另一手拇指指甲掐此穴，称掐人中，掐3～5次或醒后即止。

07 分推年寿

● 主治：鼻干、感冒鼻塞、慢惊风等。

● 位置：山根下，鼻上高骨处，准头上。

● 操作方法：婴儿坐位或仰卧位，按摩者一手扶婴儿头部，另一手拇指指甲掐称为掐年寿，掐3～5次；按摩者两手指固定婴儿头部，以两手拇指螺纹面自年寿穴向两鼻翼分推，称为分推年寿，分推30～50次。

08 揉准头

● 主治：外感、慢惊风等。

● 位置：在鼻尖端，属督脉。

● 操作方法：婴儿坐位或仰卧位，按摩者以一手扶婴儿头部起固定作用，另一手拇指指甲或食指指甲掐此穴，称掐准头，掐3～5次；按摩者以中指螺纹面揉此穴，称为揉准头，揉50～100次。

●主治：惊风、抽搐。

●位置：两目内眦间，鼻梁骨低洼处。

●操作方法：婴儿坐位或仰卧位，按摩者一手扶婴儿头部，以另一手拇指指甲掐此穴，称为掐山根。此穴只能行掐法，掐3～5次。

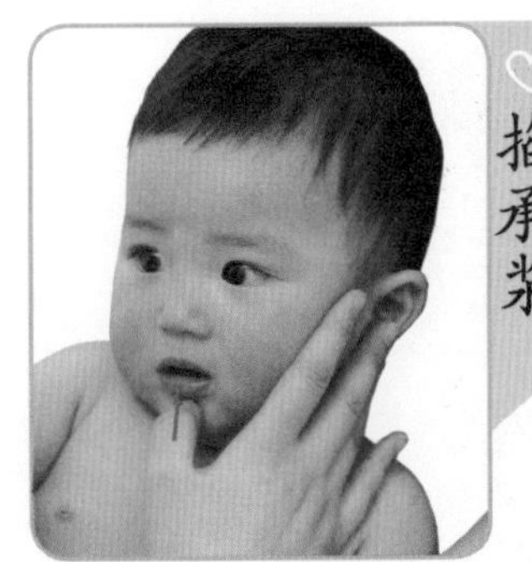

●主治：惊风、抽搐、面肿、消渴、口眼歪斜等症。

●位置：在唇下陷中。

●操作方法：婴儿仰卧位，按摩者以一手扶住婴儿头部，另一手拇指或食指指甲掐此穴，称为掐承浆，掐3～5次。

●主治：目赤肿痛、眦痒、迎风流泪、夜盲、色盲、近视、呃逆、遗尿、胆道蛔虫症、急性腰扭伤等。

●位置：睛明穴位于面部，目内眦角稍上方凹陷处。

●操作方法：婴儿坐位或仰卧位，按摩者拇指或食指指甲点揉此穴，称按揉睛明，揉3～5次。

●主治：近视、角膜炎、视神经萎缩。

●位置：在面部，瞳孔直下，眼球与眶下缘之间。即目下眶孔内，四白穴上3分。

●操作方法：婴儿坐位或仰卧位，两目正视，按摩者拇指或食指指甲点揉此穴，称按揉承泣，揉50～100次。

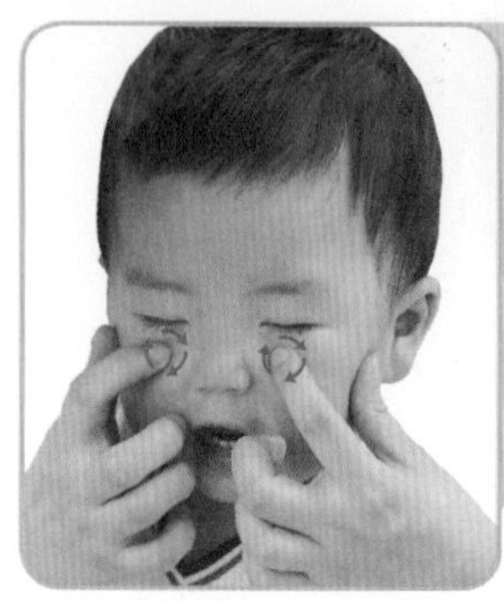

13 按揉四白

●主治：眼鼻病症如角膜炎、近视、夜盲、鼻窦炎、胆道蛔虫症、头痛等。

●位置：在面部，瞳孔直下，当眶下孔凹陷处。

●操作方法：婴儿坐位或仰卧位，按摩者以拇指或食指指甲点揉此穴，称按揉四白，揉50～100次。

14 按揉攒竹

●主治：眼部常见病症，如眼睛充血、眼睛疲劳、假性近视等。

●位置：位于面部，当眉头陷中，眶上切迹处。

●操作方法：婴儿坐位或仰卧位，按摩者以食指或拇指指腹着力按压并揉眉头陷中、眶上切迹处，称按揉攒竹，揉50～100次，力道要均匀、持久。

15 按揉球后

●主治：眼部疾病如视神经炎、视神经萎缩、视网膜色素变性、近视等。

●位置：位于面部，眼眶下缘外1/4与内3/4交界处。

●操作方法：婴儿坐位或仰卧位，按摩者拇指或食指指甲点揉此穴，称按揉球后，揉50～100次。

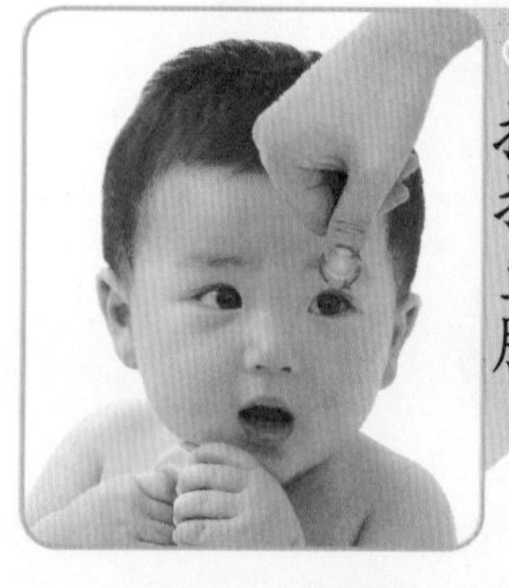

16 按揉鱼腰

●主治：头面部疾病，如目赤肿痛、眼睑下垂、近视、急性结膜炎、面神经麻痹、三叉神经痛等。

●位置：位于额部，瞳孔直上，眉毛中。

●操作方法：婴儿坐位或仰卧位，按摩者以拇指或食指指甲点揉此穴，称按揉鱼腰，揉50～100次。

17 按揉瞳子髎

● 主治：头痛、目赤、目痛、近视等。

● 位置：位于面部，目外眦旁，当眶外侧缘处。

● 操作方法：婴儿坐位或仰卧位，按摩者以拇指或食指指甲点揉此穴，称按揉瞳子髎，揉50～100次。

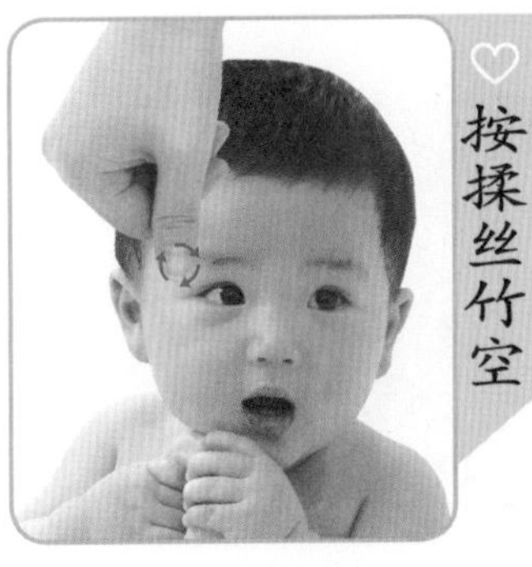

18 按揉丝竹空

● 主治：头痛、目眩、目赤痛、眼睑跳动、齿痛、癫痫、婴儿惊风等。

● 位置：在面部，当眉梢凹陷处。

● 操作方法：婴儿坐位或仰卧位，按摩者以拇指或食指指甲点揉此穴，称按揉丝竹空，揉50～100次。

19 按揉阳白

● 主治：夜盲、目赤肿痛、眼睑下垂、口眼㖞斜、头痛等头目疾患。

● 位置：眉上1寸，瞳孔直上，在额肌中。

● 操作方法：婴儿坐位或仰卧位，按摩者以拇指或食指指甲点揉此穴，称按揉阳白，揉50～100次。

20 揉迎香

● 主治：感冒、鼻塞流涕等。

● 位置：迎香位于鼻翼外缘旁开0.5寸，鼻唇沟凹陷中。

● 操作方法：婴儿坐位或仰卧位，按摩者以一手扶住婴儿之头部，以另一手食指、中指分别揉鼻翼左右的迎香穴，称揉迎香，或者以双手拇指推鼻翼两侧并揉迎香穴，施术50～100次。

揉太阳 21

●主治：发热头痛、惊风等。

●位置：太阳位于眉梢与眼外角中间，向后1寸凹陷处。

●操作方法：婴儿坐位或仰卧位，按摩者以两手食、中、无名、小指固定婴儿头部，再以两手拇指桡侧，自前向后直推此穴，称推太阳；以拇指运此穴，称运太阳；一手固定婴儿头部，以另一手中指指端揉此穴，称揉太阳，各施术50～100次。

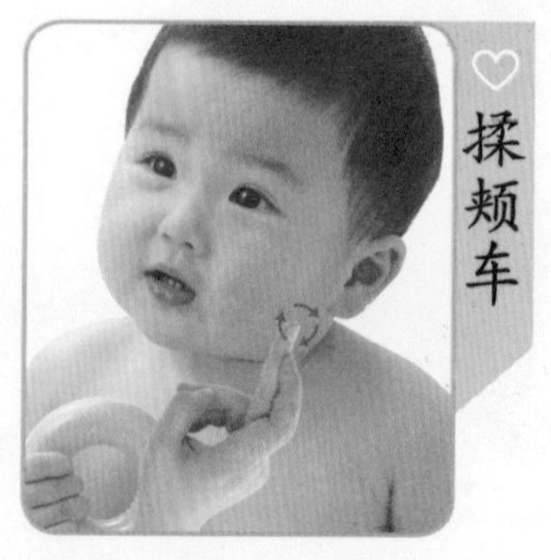

揉颊车 22

●主治：牙关紧闭、口眼歪斜等症。

●位置：颊车位于耳下约1寸，下颌角前上方一横指凹陷处。或用力咬牙时，咬肌隆起处，属足阳明胃经。

●操作方法：婴儿取坐位，按摩者一手固定婴儿头部，另一手以中指指腹揉此穴，称揉颊车，揉50～100次。

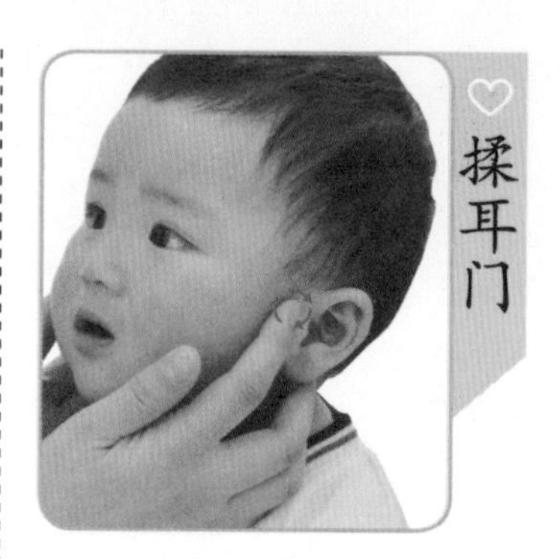

揉耳门 23

●主治：惊风抽搐、口眼歪斜、耳鸣、耳聋、恶寒、齿痛等症。

●位置：在面部，当耳屏上切迹的前方，下颌骨髁状突后缘，张口有凹陷处，属手少阳三焦经。

●操作方法：婴儿坐位或仰卧位，按摩者以食指或中指揉该穴，称为揉耳门，向前为补，向后为泻，揉50～100次。

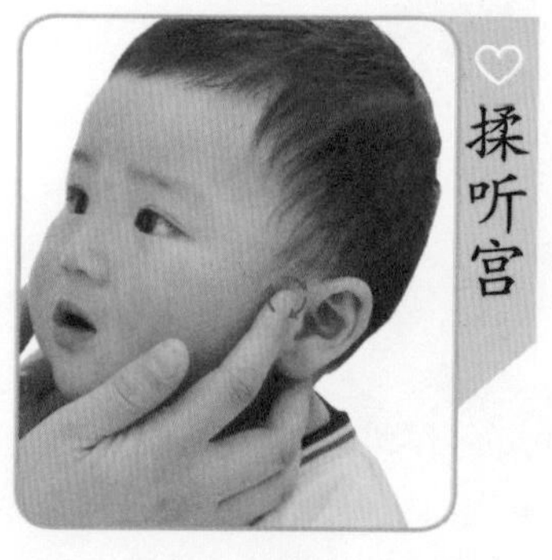

揉听宫 24

●主治：耳部、面部疾病。

●位置：在面部，耳门下方，耳屏前，下颌骨髁状突的后方，张口时呈凹陷处。

●操作方法：婴儿坐位或仰卧位，按摩者以食指或中指揉，称为揉听宫，揉50～100次。

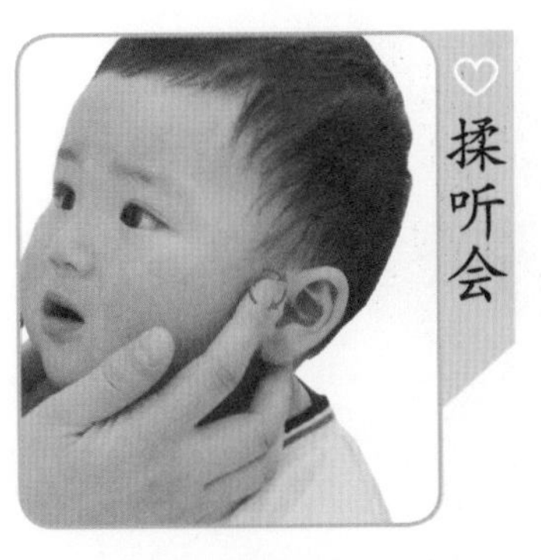

● 主治：耳鸣、耳聋、牙痛、口渴、面痛、烦躁等。

● 位置：在面部，听宫下方，耳屏间切迹前，下颌骨髁状突后缘，张口有孔，闭口即闭。

● 操作方法：婴儿坐位或仰卧位，张口位取穴，按摩者以食指或中指揉此穴，称为揉听会，揉50～100次。

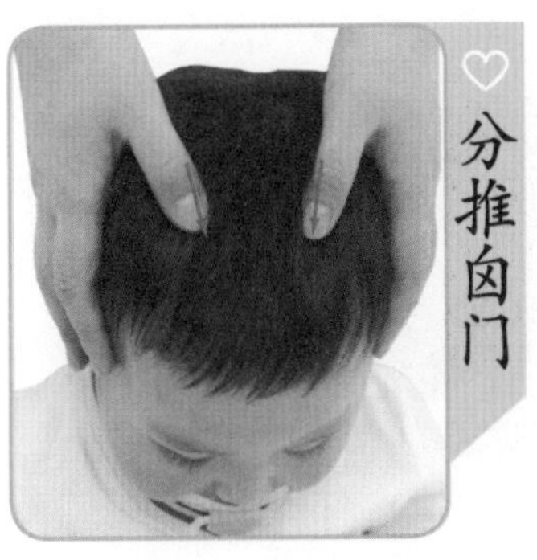

● 主治：头痛、惊风、烦躁等。

● 位置：前发际正中直上2寸，百会前方骨陷中。

● 操作方法：婴儿坐位或仰卧位，按摩者以两手食指、中指、无名指、小指扶并固定婴儿侧头部，两拇指自前发际向上交替推至囟门称推囟门；自囟门向两旁分推称分推囟门。各50～100次。

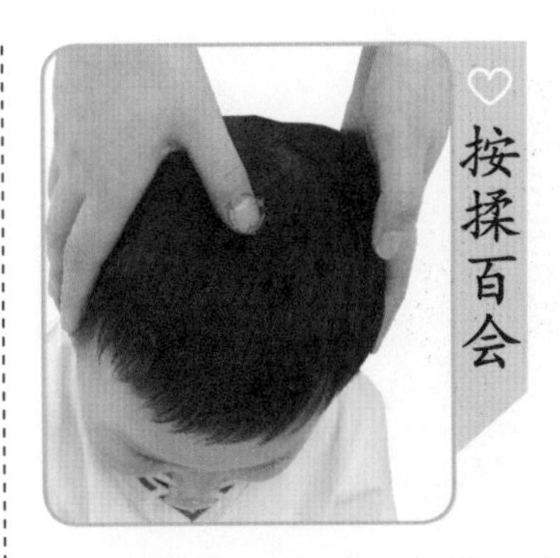

● 主治：头痛、烦躁、惊风、目眩、脱肛、遗尿以及脾虚泄泻等症。

● 位置：位于头顶部前后正中线与两耳尖连线的交点处。

● 操作方法：婴儿端坐于靠背椅上或坐抱于母亲怀中，按摩者在其对面以左手固定婴儿头部，右手拇指指腹置于百会穴处按揉，称按揉百会，揉50～100次。

● 主治：头痛、夜啼、惊风、烦躁不安等疾病。

● 位置：百会前、后、左、右各1寸处取穴。

● 操作方法：婴儿取仰卧位或坐位，按摩者用拇指指端按揉此穴，称按揉四神聪，揉50～100次。

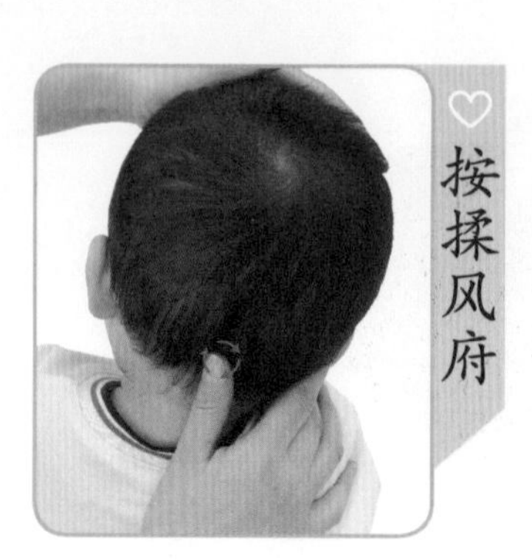

按揉风府

29

● 主治：头痛、眩晕、项强等头项病症；中风、癫狂、痴呆、咽喉肿痛等病症。

● 位置：在顶部，当后正中发际直上1寸，枕外隆凸直下，两侧斜方肌之间凹陷处。

● 操作方法：婴儿伏案正坐位，按摩者一手固定婴儿头部并使婴儿头微前倾，项肌放松，另一手以大拇指点揉此穴，称按揉风府，揉3～5分钟。

按揉翳风

30

● 主治：耳鸣、耳聋、口眼歪斜等。

● 位置：乳突前下方，平耳垂后下缘的凹陷中。

● 操作方法：婴儿坐位，按摩者用左手扶婴儿头前部以固定之，右手拇指指端按揉此穴，称按揉翳风，揉50～100次。

拿风池

31

● 主治：感冒、头痛、发热无汗、眩晕、颈项疼痛、恶心等病症。

● 位置：风池位于乳突后方，项后枕骨下大筋外侧凹陷中，平耳垂。

● 操作方法：婴儿坐位，按摩者用左手扶婴儿头前部以固定之，右手拇指指端按揉此穴，称按揉风池，揉50～100次。若以拇食二指拿此穴，则为拿风池，拿5～10次。通常拿和揉合用，称为拿揉风池。

按揉安眠

32

● 主治：头痛、夜啼、惊风、烦躁不安等病症。

● 位置：翳风穴与风池穴连线的中点。

● 操作方法：婴儿坐位，按摩者用左手扶婴儿头前部以固定之，右手拇指指端按揉安眠穴50～100次。

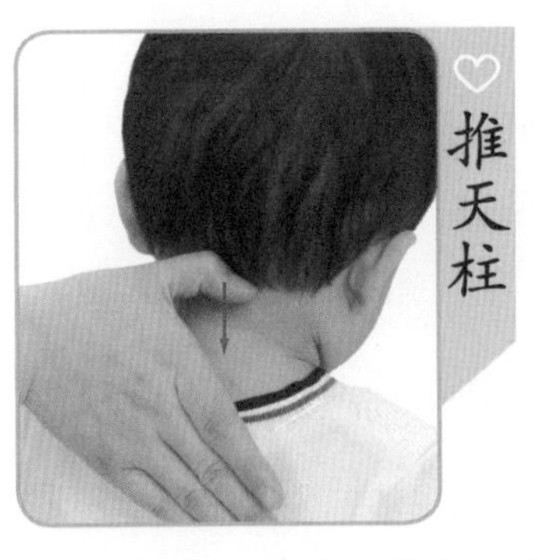

33 推天柱

● **主治：** 恶心、呕吐、项强、发热、惊风、咽痛等病症。

● **位置：** 天柱位于颈后发际正中至大椎穴，沿颈椎棘突成一直线。

● **操作方法：** 以推法为主。婴儿坐位或俯卧位，稍低颈。按摩者左手扶婴儿头部，右手用拇指或食指、中指自上向下直推此穴，称推天柱，推50～100次。

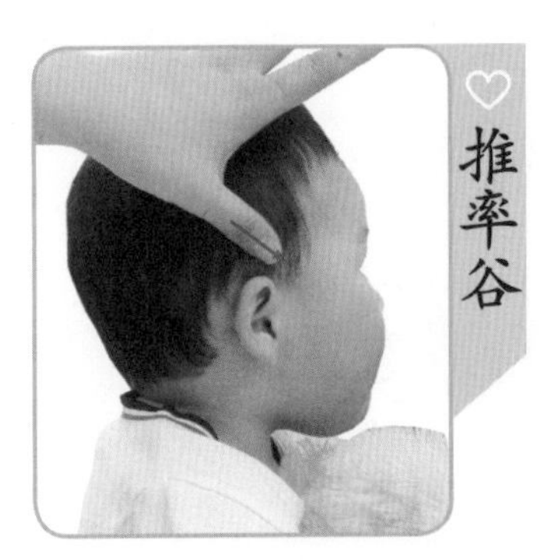

34 推率谷

● **主治：** 感冒、发热、头痛、呕吐、婴儿惊风、烦躁等症。

● **位置：** 耳尖直上，入发际1.5寸处。

● **操作方法：** 婴儿仰卧位或坐位，按摩者用拇指指端或大鱼际按揉，或用拇指桡侧缘前后推擦此穴30～50次，称为推率谷。

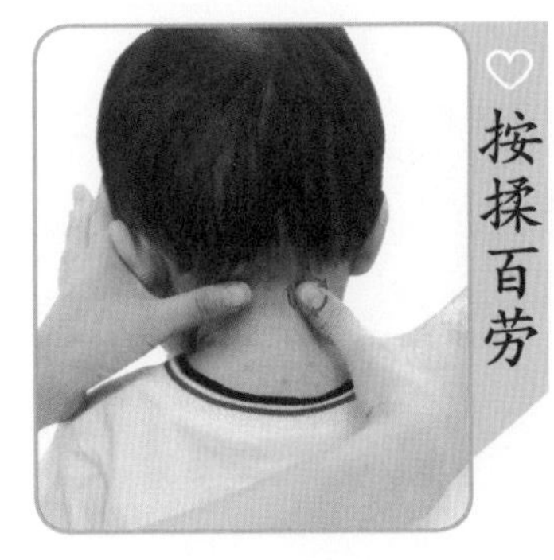

35 按揉百劳

● **主治：** 咳嗽、气喘、颈项强痛等病症。

● **位置：** 后发际下1寸，后正中线旁开1寸处。

● **操作方法：** 婴儿俯卧位或坐位，按摩者用拇指和食指螺纹面相对用力拿捏此穴，拿10～30次；用拇指指端或螺纹面按揉此穴，称按揉百劳，揉30～50次。

36 按揉廉泉

● **主治：** 咽喉肿痛、口水不畅、言语不清、声音嘶哑等病症。

● **位置：** 舌骨体上缘中点处。

● **操作方法：** 婴儿取仰卧位或坐位，按摩者用拇指指端按揉此穴30～50次，称为按揉廉泉。

Chapter 04 健脾和胃——胸腹部按摩

婴儿因脾脏不足，脾胃功能较差，其消化吸收功能亦欠佳，加之婴儿寒暖不能自调，又易为饮食所伤，很容易使脾胃功能失调，而出现呕吐、疳积、腹痛、腹泻等消化道疾病。本章依据婴儿脾胃生理和病理特点，着重调理脾胃，使婴儿脾气健旺。

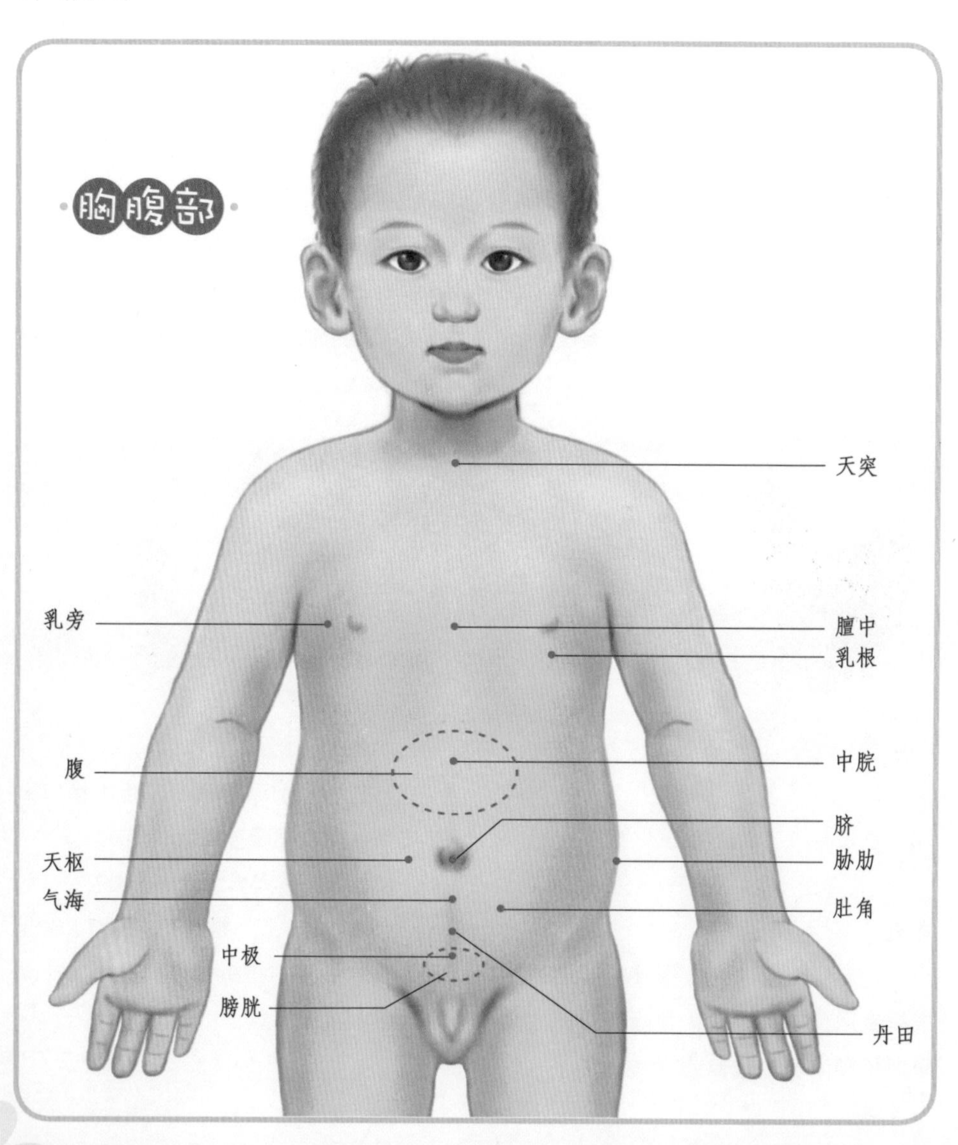

按揉天突

01

●主治：痰喘、咳痰不爽、恶心呕吐，婴儿肌性斜颈等病症。

●位置：位于胸骨切迹上缘凹陷中。

●操作方法：婴儿取坐位或仰卧位，按摩者以中指指端按或揉此穴，称为按天突或揉天突；按和揉合并称为按揉天突，按揉50～100次；按摩者两手五指相对，自穴四周向穴中间挤捏称为挤天突，挤3～5次或至局部充血为止。

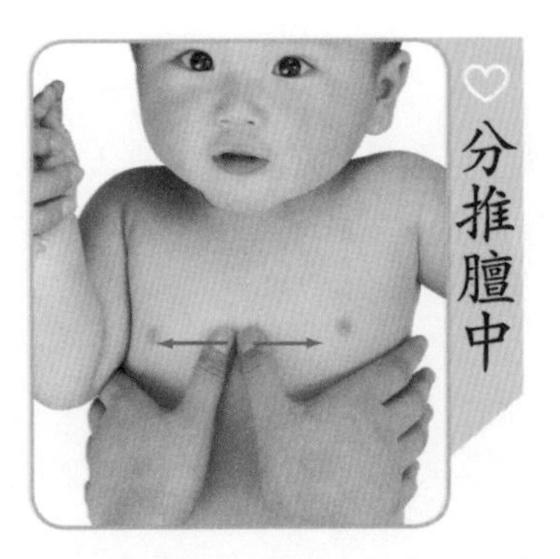

分推膻中

02

●主治：胸闷、吐逆、痰喘、咳嗽等病症。

●位置：位于胸骨上，两乳头连线之中点。

●操作方法：婴儿仰卧位，按摩者用两拇指指腹，自膻中穴向两旁分推至乳头称分推膻中；按摩者用食指、中指指腹，自胸骨切迹向下推至剑突称为推膻中；若用拇指、食指或中指指腹于膻中施行揉法称为揉膻中，各50～100次。

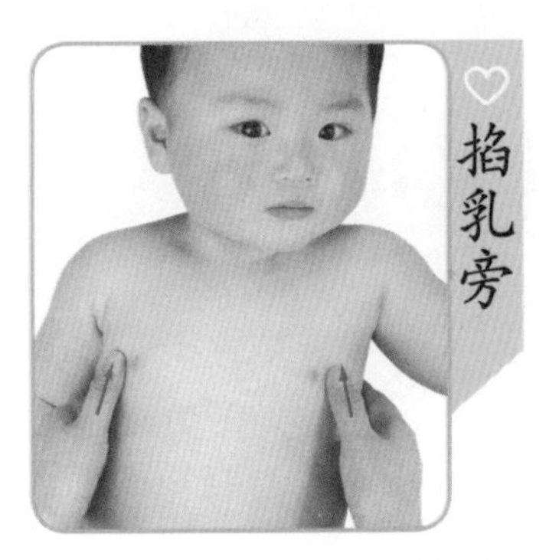

掐乳旁

03

●主治：胸闷、咳嗽、痰鸣等病症。

●位置：乳头外侧旁开2分。

●操作方法：婴儿坐位或仰卧位，按摩者以两手四指扶患儿之两胁，另以两拇指分别轻轻掐此穴，称为掐乳旁，掐3～5次。

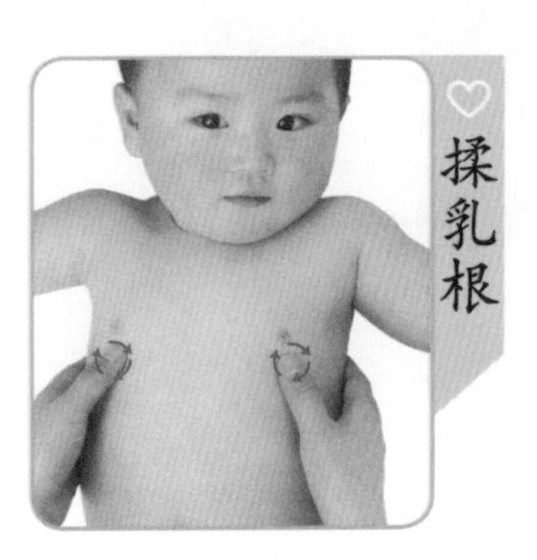

揉乳根

04

●主治：咳嗽、胸闷等病症。

●位置：乳头向下2分。

●操作方法：婴幼儿卧位，按摩者以拇指指端揉此穴，称为揉乳根。

05 摩中脘

● 主治：腹胀、积食、食欲不振等。

● 位置：中脘位于肚脐直上4寸。

● 操作方法：婴儿仰卧位，按摩者以右手中指指腹按顺时针方向揉此穴，称为揉中脘，揉50～100次；按摩者用掌根或四指按顺时针方向摩此穴，称为摩中脘，摩3～5分钟；若用食、中二指指端，自喉下推至中脘称为推中脘，推50～100次。

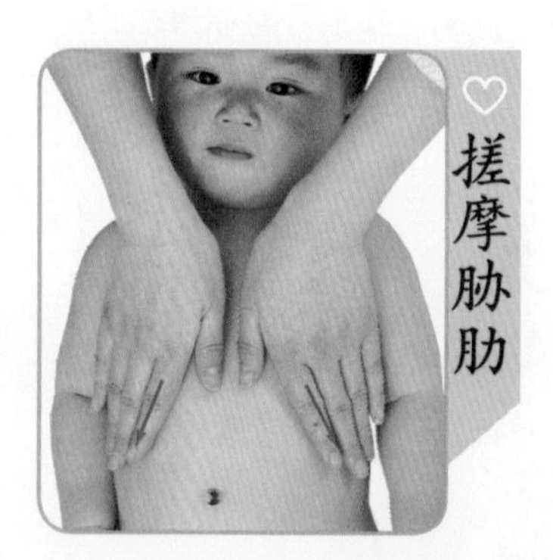

06 搓摩胁肋

● 主治：胸闷、胁痛、痰喘气急、疳积、肝脾肿大等病症。

● 位置：在腋中线上，自腋窝正中向下，平肚脐水平线之天枢处。

● 操作方法：婴儿坐位、仰卧位或俯卧位，按摩者以两掌从腋和胁下前后搓摩至天枢处，称搓摩胁肋，又称按弦走搓摩，施术50～100次。

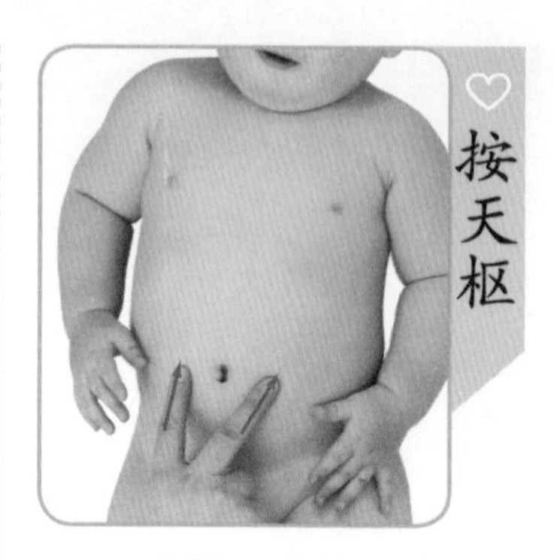

07 按天枢

● 主治：腹泻、腹胀、积食、腹痛、呕吐、便秘等病症。

● 位置：天枢位于肚脐旁开2寸。

● 操作方法：婴儿仰卧位，按摩者用食指、中指各按两侧天枢穴，称为按天枢；用拇指按顺时针或逆时针方向揉动该穴，称揉天枢；若用食指、中指和无名指摩此穴，则为摩天枢，各施术50～100次或3～5分钟。

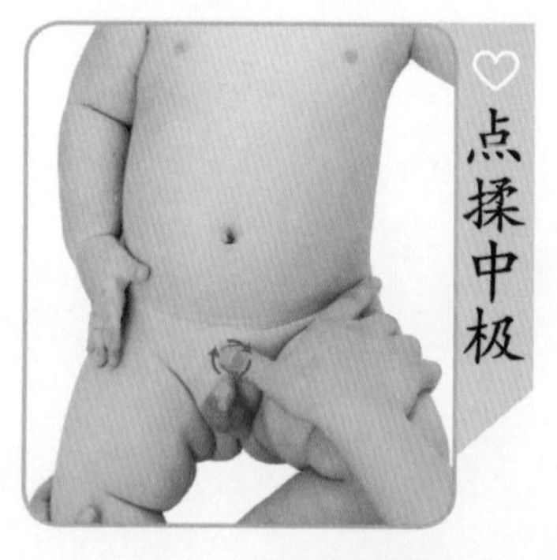

08 点揉中极

● 主治：生殖系统疾病，如生殖系统发育不全；泌尿系统疾病如遗尿、尿频等。

● 位置：体前正中线，脐下4寸。或将耻骨和肚脐连线五等分，由下向上1/5处。

● 操作方法：婴儿仰卧位，按摩者用拇指点揉此穴，称点揉中极，揉1～2分钟。

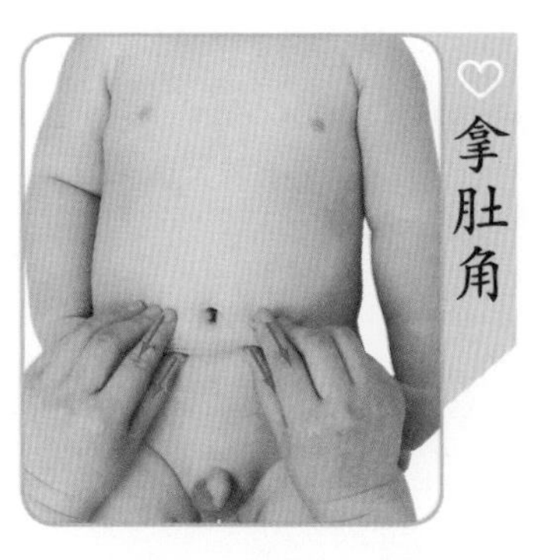

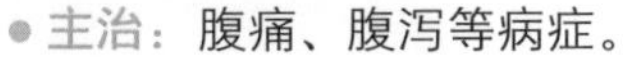

● 主治：腹痛、腹泻等病症。

● 位置：肚角位于脐下2寸（石门穴）旁开2寸大筋处。

● 操作方法：婴儿取仰卧位，按摩者以双手拇指、食指、中指三指，分别拿婴儿两侧肚角，称为拿肚角，拿5～10次；按摩者以食指、中指、无名指及小指固定婴儿骨盆髂翼，拇指贴附于肚角穴按揉，称按揉肚角，施术3～5分钟。

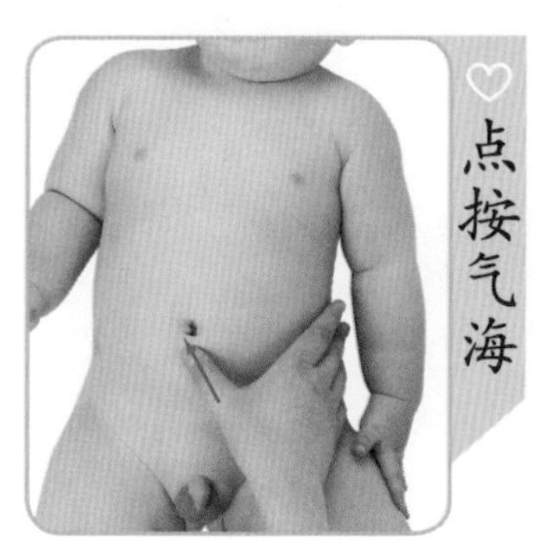

● 主治：胸部闷塞，心慌，哭不出声等病症。

● 位置：位于肚脐正下方1.5寸。

● 操作方法：婴儿仰卧位，按摩者于气海穴点按，称点按气海，按1～2分钟。

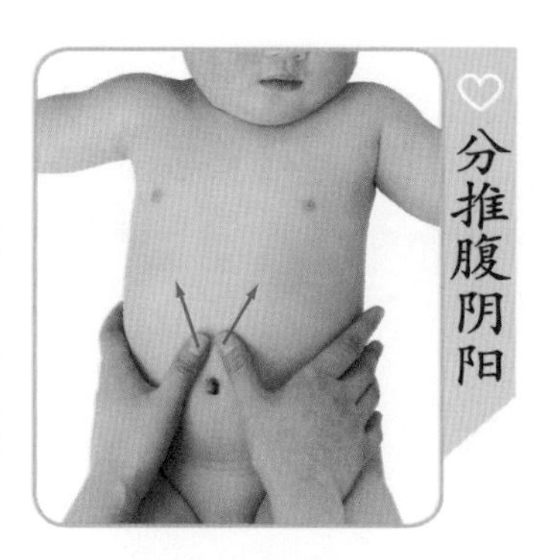

● 主治：腹痛、腹胀、肠鸣等消化系统疾患。

● 位置：在中脘穴与两胁下之软肉处。

● 操作方法：婴儿仰卧位，按摩者以两手之四指自中脘穴向两旁斜下方即肋弓边缘分推，称分推腹阴阳，推50～100次；按摩者用四指摩或全掌摩于整个腹部称摩腹，摩3～5分钟。

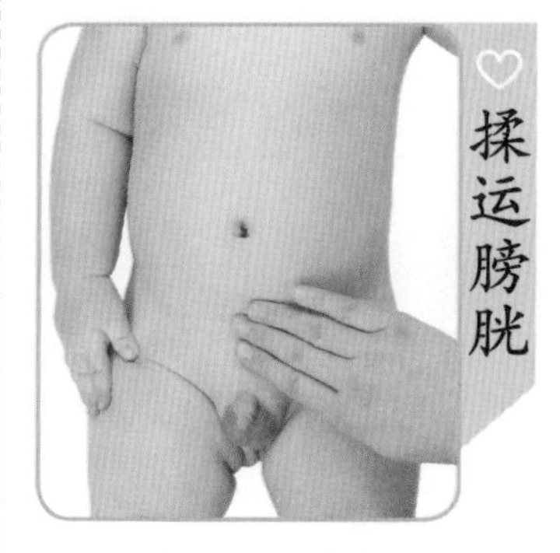

● 主治：尿潴留、小便不利等。

● 位置：尿潴留时，小腹高起处。

● 操作方法：婴儿仰卧位，按摩者用一手扶婴儿腹部，另一手食指、中指、无名指三指指端轻按于穴上，缓缓地顺时针方向揉此穴，称揉运膀胱，揉50～100次。

强身健体——上肢部按摩

为什么要为婴儿上肢做按摩，其主要作用是刺激穴位、疏通神经、运动关节、促进血液循环。按摩时，能增加母子相依感情，使婴儿具有安全感，如少哭闹、睡眠好，对其他发育如运动、语言适应能力以及呼吸、消化等系统的发育起到促进作用。

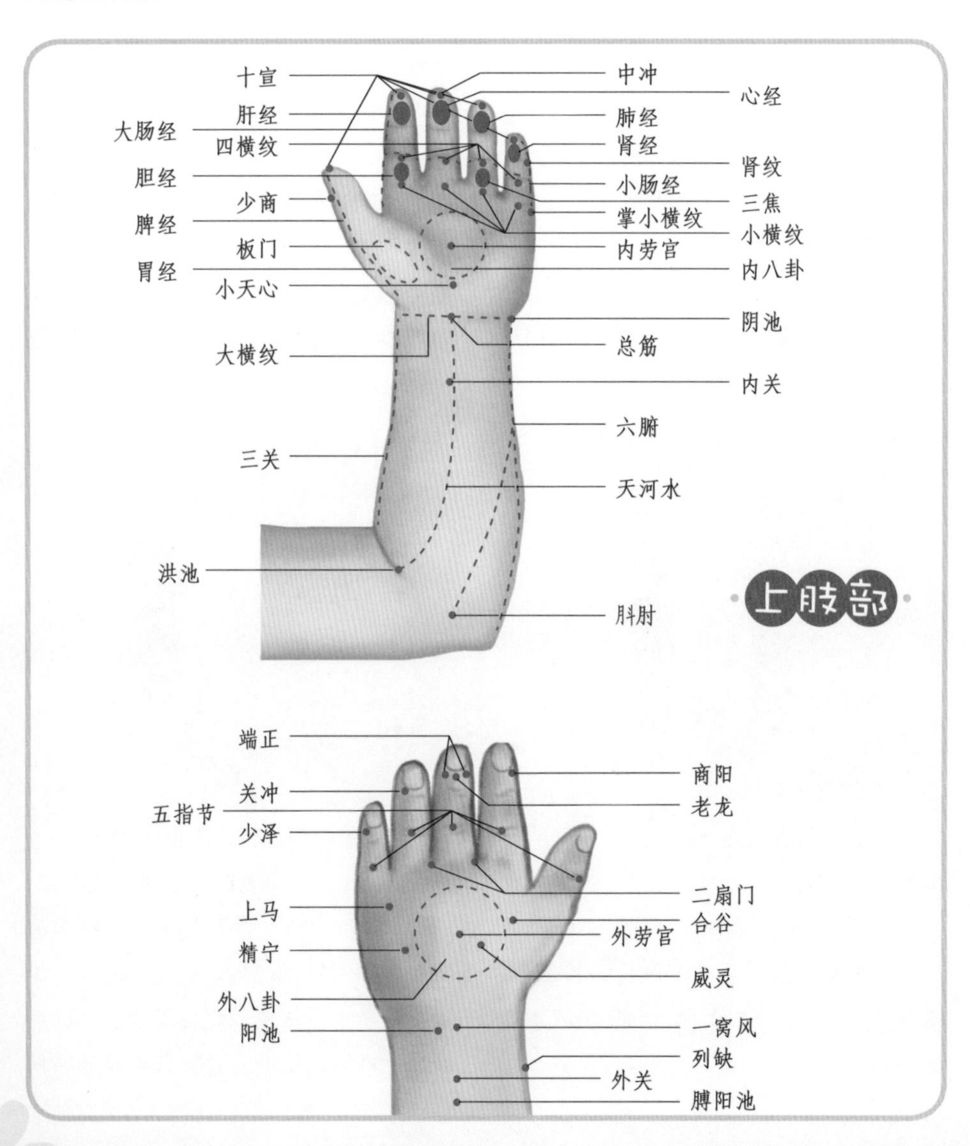

● 主治：消化系统类疾病。补脾经主治体质虚弱、食欲不振、肌肉消瘦、精神不振、消化不良、腹泻、自汗盗汗、疳积、斑疹不透、惊厥症；泻脾经可治黄疸、便秘、痢疾、呕吐等病症。

● 位置：在拇指桡侧赤白肉际，自指根至指尖成一直线。脾经定位除本书所述之外，另有位于拇指螺纹面及拇指近节等说法。

● 操作方法：婴儿坐位或仰卧位，按摩者一手握住婴儿的手，使其掌心向上，另一手拇指自婴儿拇指尖推向指根方向，直推为补，称补脾经，反向则称泻脾经，临床中补脾经、泻脾经统称推脾经，各施术50～100次。

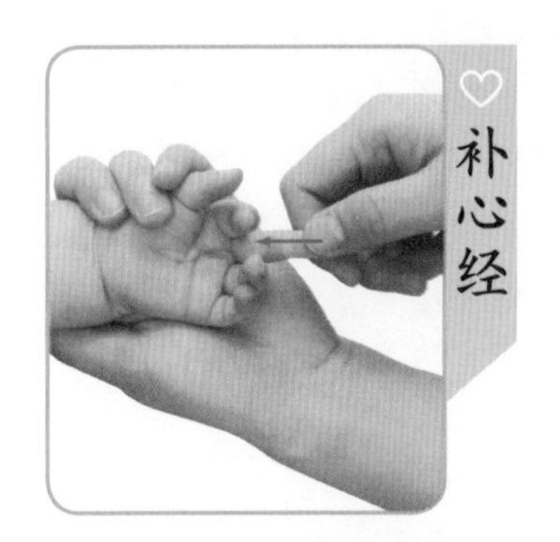

● 主治：心系疾病。清心经可用于治疗高热神昏，五心烦热，口舌生疮，小便赤涩，惊惶不安等症；补心经则用于治疗心血不足、汗出无神、心烦不安、睡卧露睛等病症。

● 位置：中指末节掌面螺纹面。

● 操作方法：婴儿坐位或仰卧位，按摩者用一手握住婴儿的手，使其掌心向上，另一手拇指螺纹面自婴儿的中指指端向指根方向推，称补心经，反向则称清心经，各50～100次。

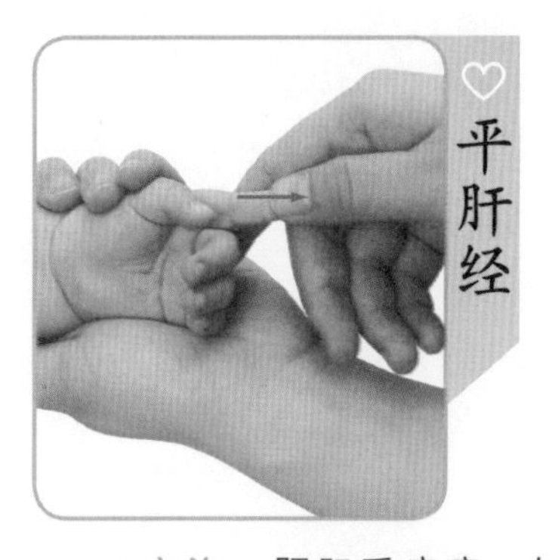

● 主治：肝胆系疾病。如烦躁不安，急、慢惊风，伤风感冒，伤寒发热，目赤，昏闭，肝郁脾虚泄泻，五心烦热，口苦咽干，肝炎等病症。

● 位置：食指末节掌面螺纹面。

● 操作方法：婴儿坐位或仰卧位，按摩者一手握住婴儿的手，使其掌心向上，另一手拇指螺纹面自婴儿食指根向食指尖端方向推，称为平肝经（清肝经），反向则称补肝经，补肝经和清肝经统称推肝经，各50～100次。

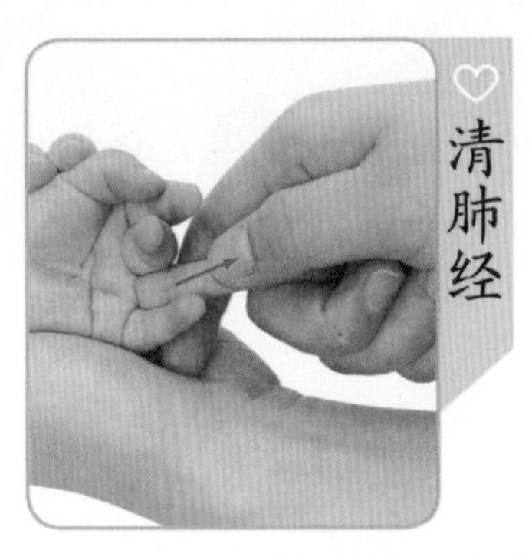

清肺经 04

● **主治**：肺系疾病。清肺经可用于治疗感冒、发热、咳嗽、气喘、痰鸣、胸闷、便秘等症；补肺经则用于治疗肺气虚损之咳嗽、气短、面白、自汗、畏寒以及久泻脱肛等病症。

● **位置**：无名指末节掌面之螺纹面。

● **操作方法**：婴儿坐位或仰卧位，按摩者一手握住婴儿的手，使其掌心向上，另一手拇指螺纹面自婴儿无名指第二指间关节横纹推向指尖，称清肺经，反向则称补肺经，补肺经和清肺经统称推肺经，各50～100次。

清肾经 05

● **主治**：泌尿生殖系统疾病。补肾经可用于治疗婴儿先天不足、久病体虚、肾虚久泻、多尿遗尿、虚汗、肾虚喘急等症；清肾经则用于治疗婴儿膀胱湿热、小便赤涩等病症。

● **位置**：小指末节掌面之螺纹面。

● **操作方法**：婴儿坐位或仰卧位，按摩者一手握婴儿的手，使其掌心朝上，另一手拇指指端自婴儿小指尖推到小指根方向称清肾经，反向直推为补肾经，补肾经和清肾经统称推肾经，各50～100次。

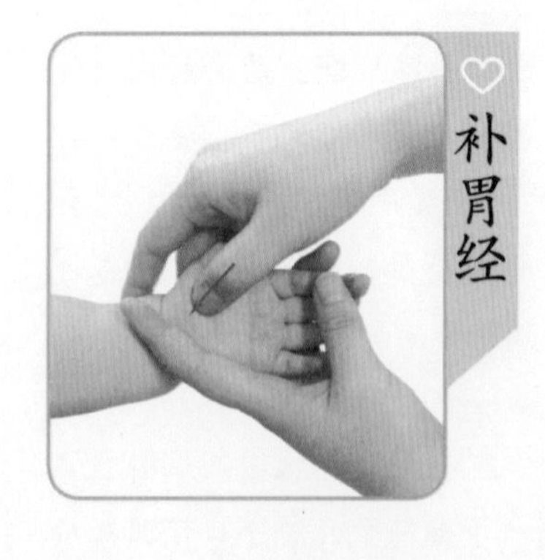

补胃经 06

● **主治**：消化道疾病。呕呃嗳气、烦渴善饥、食欲不振、吐血、衄血等病症。

● **位置**：大鱼际桡侧赤白肉际即大鱼际外侧缘。

● **操作方法**：婴儿坐位或仰卧位，按摩者一手握持婴儿的手，拇指、食指二指固定婴儿拇指及其掌指关节，另一手拇指指腹或桡侧面自婴儿掌根推向拇指根称清胃经，反之从指根推向掌根称补胃经，补胃经和清胃经统称推胃经，各50～100次。

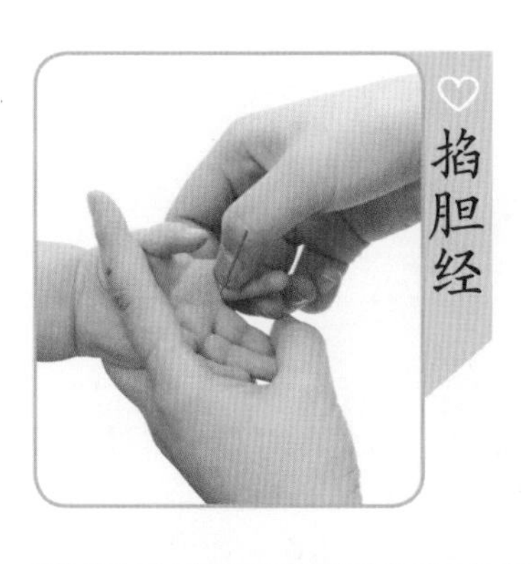

● 主治：本穴临床一般不单独应用，清肝经时常一并推之。

● 位置：位于食指掌面近掌节。

● 操作方法：婴儿坐位或仰卧位，按摩者一手握婴儿的手，使其掌心朝上，另一手拇指指甲掐此穴，称掐胆经；以拇指指端揉此穴，称揉胆经。

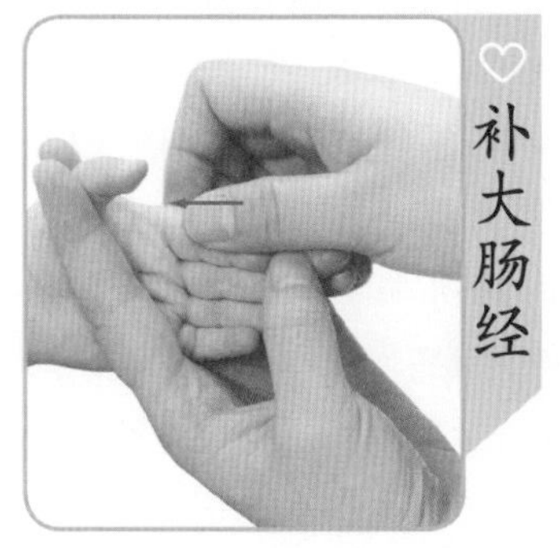

● 主治：下消化道疾病。如腹泻、痢疾、便秘、脱肛和肛门红肿等病症。

● 位置：食指桡侧缘，自食指尖至虎口成一直线。（注：另有以下几种说法：①食指第一节；②食指第二节桡侧缘；③食指第二节；④食指根节；⑤为商阳穴，属手阳明大肠经；⑥前臂桡侧近曲池处，⑦食指正面。）

● 操作方法：婴儿坐位或仰卧位，按摩者一手托住婴儿的手，使其手掌侧放，并使其拇指和食指分开，另一手拇指桡侧面或指腹，自婴儿指尖直推至虎口为补，称补大肠，反之为清大肠。补大肠和清大肠统称推大肠，来回推为清补大肠，也称平补平泻，各施术50～100次。

● 主治：小便赤涩、遗尿、尿闭、水样泄泻、口疮等病症。

● 位置：小指尺侧边缘，自指尖到指根成一直线。（注：另有以下几种说法，①在食指第二节；②在中指第二节；③在中指第三节；④在前臂尺侧缘近手肘处。）

● 操作方法：婴儿坐位或平卧位，按摩者一手握住婴儿的手掌，另一手拇指螺纹面或桡侧面，从婴儿指尖推向指根方向，直推为补，称补小肠，反向直推为清，称清小肠。补小肠和清小肠统称推小肠，各施50～100次。

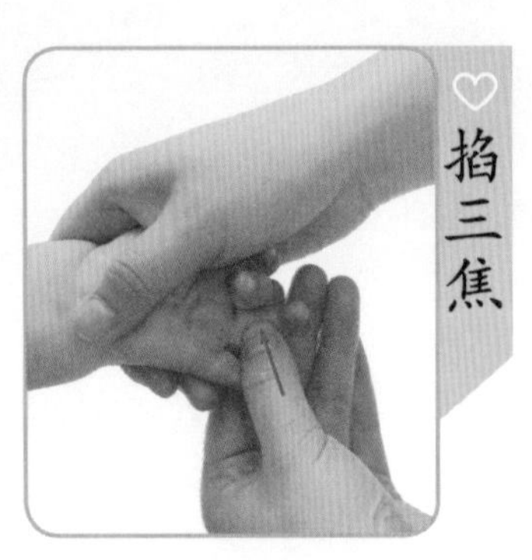

掐三焦 10

● 主治：食积内热、腹胀哭闹、全身壮热、小便黄、大便硬等病症。

● 位置：位于无名指掌面近掌节。

● 操作方法：婴儿坐位或仰卧位，按摩者一手握婴儿的手，使其掌心朝上，另一手拇指甲掐该穴，称掐三焦，掐3～5次；以拇指指端螺纹面向心方向推该穴，称推三焦，推50～100次；以拇指指端揉此穴，称揉三焦，揉50～100次。

推六腑 11

● 主治：一切实热病症，高热、烦渴。

● 位置：前臂尺侧，阴池（腕横纹尺侧）至肘成一直线。

● 操作方法：婴儿坐位，按摩者用拇指螺纹面或食指、中指螺纹面自婴儿腕部推向肘部，称推六腑（又叫退六腑），推50～100次。

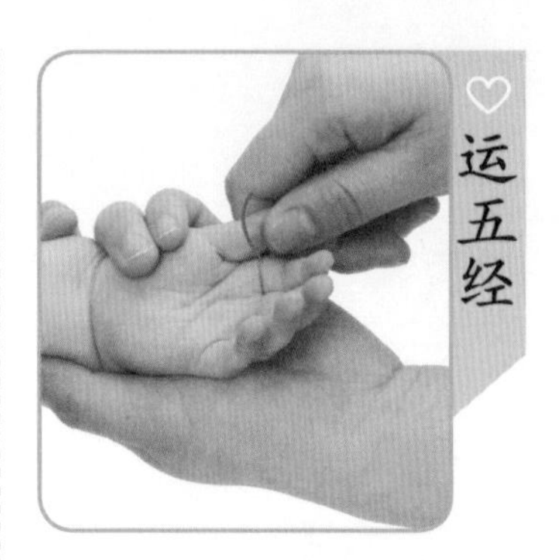

运五经 12

● 主治：发热，胸闷腹胀等。

● 位置：五指末节螺纹面，即脾、肝、心、肺、肾经。

● 操作方法：婴儿坐位或仰卧位，按摩者一手持婴儿的手，使其掌心朝上，另一手拇指指端自婴儿大指端至小指端分别运称运五经，各50～100次；以拇指指端自婴儿大指端至小指端分别离心方向直推称推五经，各50～100次。

推指三关 13

● 主治：发热，恶寒，腹泻等。

● 位置：指在食指掌面的上、中、下三节，即风、气、命三关。

● 操作方法：婴儿坐位或仰卧位，按摩者一手托握婴儿的手，使其拇指、食指分开，另一手拇指桡侧自婴儿食指指端向指根推50～100次，称推指三关。

● 主治：惊风、抽搐、烦躁不安、夜啼、小便赤涩、斜视、目赤痛、疹痘欲出不透等病症。

● 位置：在大小鱼际交接处凹陷中。（注：另有以下几种说法：①在内劳宫之下，坎宫位之上；②即大陵穴。）

● 操作方法：婴儿坐位或仰卧位，按摩者一手握住婴儿的手，使其掌心向上，另一手拇指指甲掐，称掐小天心（掐鱼际交）；中指指端捣揉，称捣揉小天心（鱼际交），各50～100次。

● 主治：夜啼、惊风、抽搐、烦躁、小便赤涩、口舌生疮、潮热等病症。

● 位置：在掌后腕横纹之中点，正对中指处，相当于大陵穴，属于手厥阴心包经。

● 操作方法：婴儿坐位或仰卧位，按摩者一手握住婴儿的手，另一手拇指或中指按揉此穴称揉总筋，50～100次；用拇指指甲掐此穴称掐总筋；用拿法则称拿总筋，各3～5次。

● 主治：食积、腹胀、食欲不振、呕吐、腹泻、气喘、嗳气等病症。

● 位置：手掌大鱼际平面。（注：另有以下几种说法：①从虎口经鱼际至总筋呈一条直线；②手掌大鱼际部；③鱼际穴内1寸，为奇穴；④小天心与总筋之间。）

● 操作方法：婴儿坐位或仰卧位，按摩者一手握住婴儿的手，另一手拇指指端在婴儿大鱼际中点揉运称揉板门（运板门）；用推法自婴儿拇指指根推向腕横纹，即从大鱼际中点至腕大横纹呈一条直线，称板门推向横纹；自腕大横纹至大鱼际呈一条直线，以拇指桡侧自婴儿腕横纹推向拇指指根则为横纹推向板门，各50～100次。

● 主治：肺系疾病。喉肿、喉痛、痰喘、心烦不安、口渴引饮、掌热、口疮、呕吐、胸闷等病症。

● 位置：在拇指指甲桡侧角旁约0.1寸处，是手少阴肺经的井穴。

● 操作方法：婴儿坐位或仰卧位，按摩者一手握住婴儿的手，另一手拇指指甲掐此穴，称掐少商，3～5次。

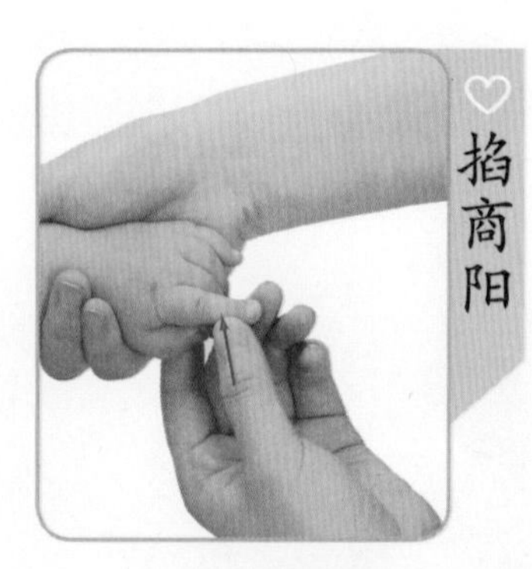

● 主治：寒热疟疾、身热无汗、耳聋、面肿、口干、胸闷、喘咳等病症。

● 位置：位于食指指甲桡侧上方约0.1寸处，是手阳明大肠经的井穴。

● 操作方法：婴儿坐位或仰卧位，按摩者一手握住婴儿的手，使其掌心朝下，另一手拇指指甲重掐此穴3～5次，称掐商阳。

● 主治：心包类疾病。身热烦闷、恶寒无汗、五心烦热、口疮、木舌等病症。

● 位置：位于中指尖端，是手厥阴心包经井穴。

● 操作方法：婴儿坐位或仰卧位，按摩者一手握住婴儿之手，使其掌心向外，中指向上，另一手拇指指甲重掐此穴，称掐中冲，3～5次。

● 主治：急惊风，虚脱气闭，心火实热等病症。

● 位置：中指指甲后1分许。

● 操作方法：婴儿坐位或仰卧位，按摩者一手握住婴儿的手，使其掌心朝下，另一手以拇指指甲掐此穴，称掐老龙，掐3～5次，或醒后即止。

● 主治：鼻衄、惊风、呕吐、泄泻等病症。

● 位置：中指指甲根部两侧赤白肉际处，桡侧称右端正，尺侧称左端正。

● 操作方法：婴儿坐位或仰卧位，按摩者一手握住婴儿的手，用另一手拇指指甲掐此穴，称掐端正，掐3～5次；拇指螺纹面揉此穴，称揉端正，揉50～100次。

● 主治：治疗三焦经所过部位的疾病。头痛、口干、喉痛、嗳气、食少等。

● 位置：位于无名指指甲角尺侧约0.1寸处，手少阳三焦经井穴。

● 操作方法：婴儿坐位，按摩者以一手握住婴儿之手，使其掌心向下，再以另一手拇指指甲重掐此穴，掐3～5次。

● 主治：身热无汗、手足抽搐、咳嗽有痰、头痛、喉痹、重舌、木舌、口疮等病症。

● 位置：位于小指指甲角尺侧0.1寸处。

● 操作方法：婴儿坐位或仰卧位，按摩者一手握住婴儿之手，使其掌心向下，另一手以拇指指甲重掐此穴，称掐少泽，掐3～5次。

● 主治：风痰或虚热喘咳、小便赤涩淋漓、腹痛、牙痛、惊惶不安等。

● 位置：手背无名指及小指掌指关节后凹陷中。

● 操作方法：按摩者以一手握住婴儿的手，以另一手食指或中指指端揉此穴，称揉上马（揉二马，揉二人上马），揉50～100次。

掐揉合谷

25

● 主治：头痛、项强、身热无汗、鼻出血、喉痛、口不开、积食不化等。

● 位置：位于虎口，第一、二掌骨间陷中。

● 操作方法：婴儿坐位或俯卧位，按摩者一手握婴儿之手，使其手掌侧置，桡侧在上。另一手拇指指甲重掐此穴3～5次，继以拇指指端揉此穴，称掐揉合谷，若以拿法则为拿合谷，拿10～20次。

揉阳池

26

● 主治：目赤肿痛、耳聋等五官病症；消渴、口干、手腕疼痛等病症。

● 位置：腕背横纹中，前对中指、无名指指缝或腕背横纹中，指总伸肌腱尺侧缘凹陷中。

● 操作方法：按摩者一手握住婴儿的手，使其掌心向下，另一手拇指对本穴使用掐法则为掐阳池，掐3～5次；用揉法则为揉阳池，揉1～3分钟。

按揉外关

27

● 主治：目赤肿痛、中耳炎等。

● 位置：腕背横纹上方2寸处，与内关相对处，阳池穴后2寸处。

● 操作方法：婴儿坐位或仰卧位，按摩者一手握住婴儿的手，使其掌心向下，另一手拇指或中指螺纹面按揉此穴50～100次，称为按揉外关。

点按内关

28

● 主治：心悸、胸闷、胃痛、呕吐、呃逆等病症。

● 位置：腕横纹上方2寸处，于掌长肌腱与桡侧腕屈肌腱之间。

● 操作方法：婴儿坐位或仰卧位，按摩者一手握住婴儿的手，用另一手拇指点按此穴，称点按内关，各50～100次。

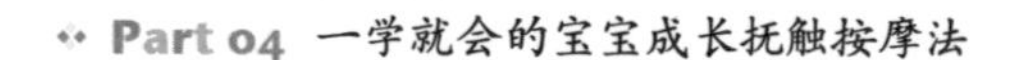

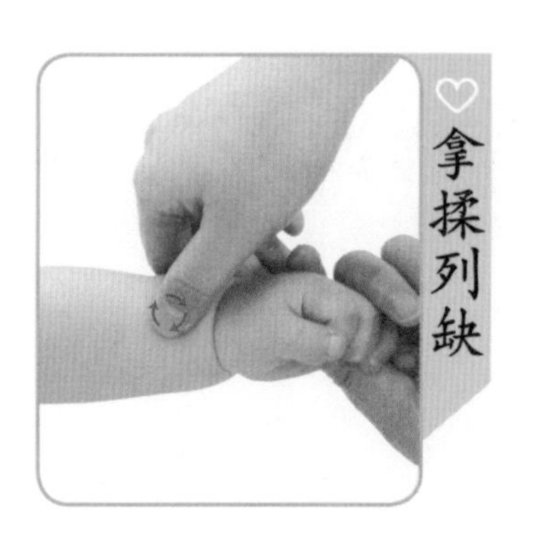

● 主治：感冒、惊风、昏迷、不省人事等与肺相关的疾病。对小儿下肢瘫痪肢凉者，可有使下肢端发热的作用。

● 位置：桡侧腕横纹上1.5寸。

● 操作方法：婴儿坐位或仰卧位，按摩者一手握住婴儿的手，另一手拇指对本穴使用拿并揉法则为拿揉列缺；对本穴使用掐法则为掐列缺，各3～5次。

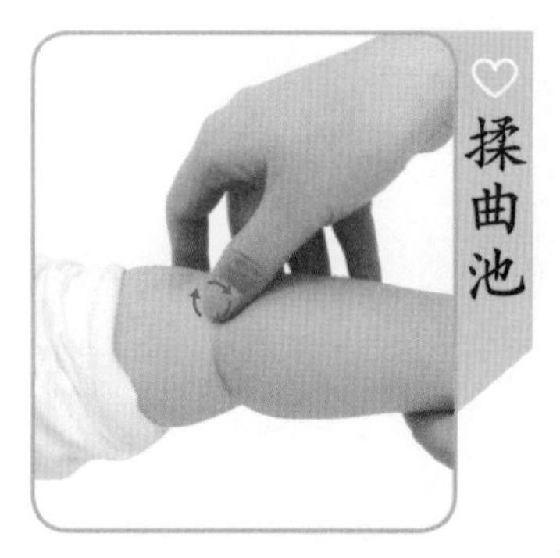

● 主治：手臂痹痛、上肢不遂等上肢病症；热病；癫狂；咽喉肿痛、齿痛等五官疼痛；腹痛、吐泻等肠胃病症；隐疹、湿疹、瘰疬等皮肤、外科病症。

● 位置：屈肘成直角,在肘横纹外侧端与肱骨外上髁连线中点。完全屈肘时，当肘横纹外侧端处。

● 操作方法：婴儿坐位或仰卧位，按摩者一手握住婴儿的手，另一手拇指按揉此穴，称揉曲池，50～100次；以拇指指甲掐此穴，称掐曲池，3～5次；若以拿法则称为拿曲池，拿3～5次。

● 主治：气血虚弱，病后体虚、阳虚肢冷、腹痛、腹泻、风寒感冒等虚、寒病症以及斑疹，疹出不透等皮肤科疾病。

● 位置：前臂桡侧，自腕横纹至肘横纹即阳池至曲池成一直线。

● 操作方法：婴儿坐位或卧位，按摩者一手握住婴儿的手，另一手拇指、食指或中指指腹自婴儿腕横纹推向肘横纹，称推三关；屈婴儿拇指，自拇指外侧端推向肘，称为大推三关，各50～100次。

Chapter 06 补肾益气——腰背躯干按摩

婴儿皮肤触觉发育领先于其他感觉发育，对成人给予的抚摸特别敏感。母亲如果经常给予婴儿爱抚动作，对婴儿的心理发育具有重要的启蒙作用，还能促进肠蠕动、通畅大便、增强肠胃功能。

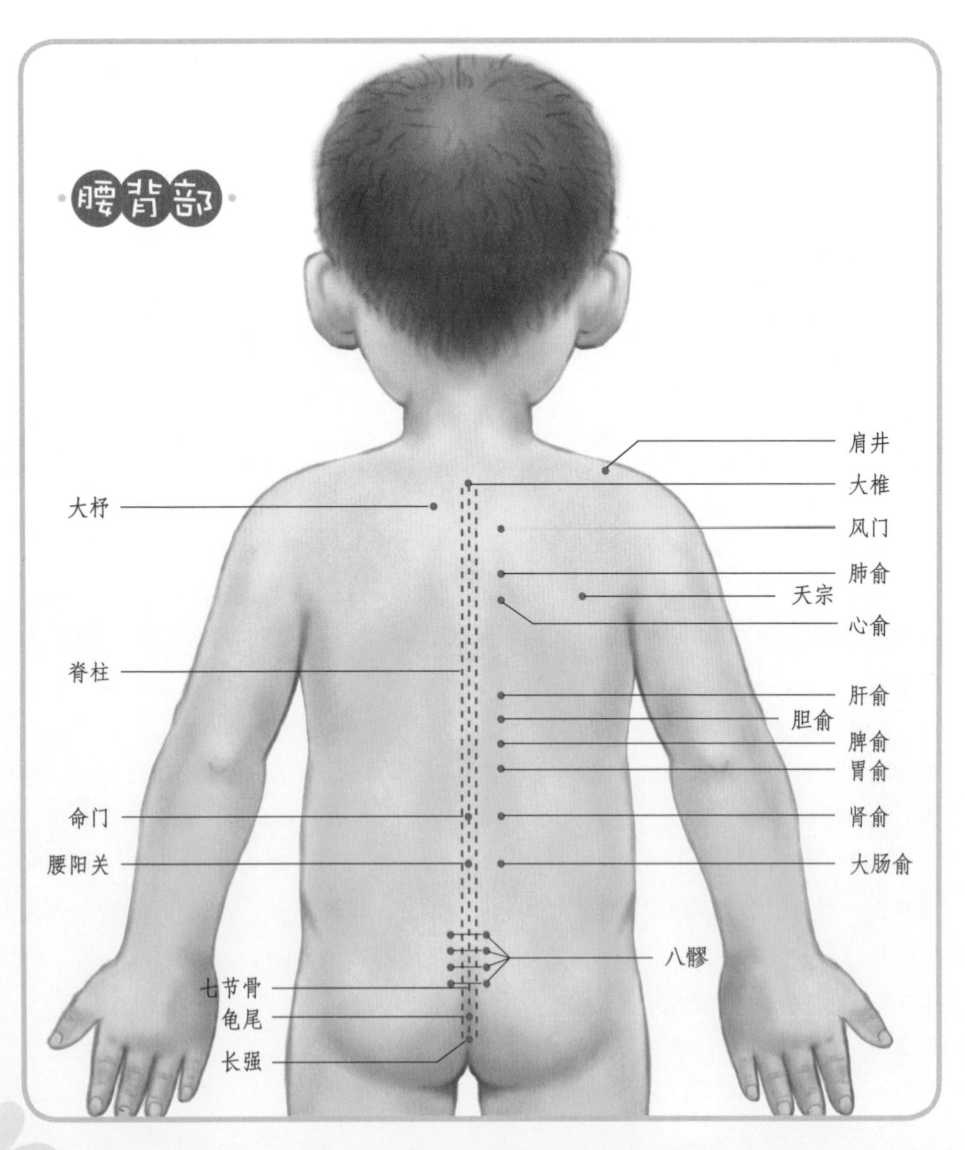

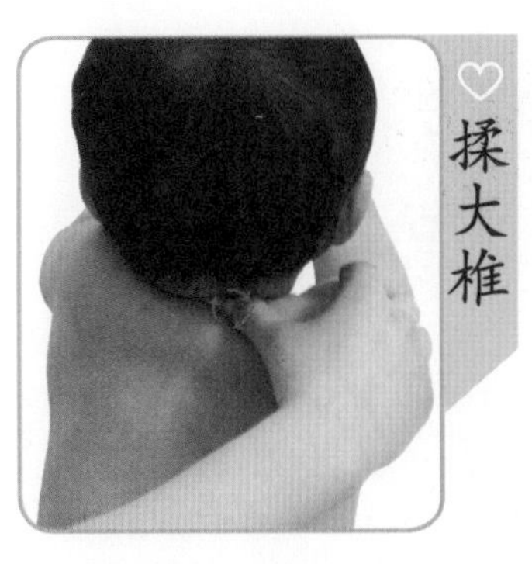

揉大椎 01

● **主治：** 高热、感冒、项强等病症。

● **位置：** 大椎位于第七颈椎下凹陷中（婴儿低头时，其颈部突出最高处为第七颈椎，其下凹陷处即是）。

● **操作方法：** 婴儿取俯卧位或背坐位，按摩者以拇指或中指指腹揉该穴，称揉大椎，施术50～100次或3～5分钟，以双手屈曲的食指及拇指捏挤该穴，称捏挤大椎，至皮下轻度淤血为止。

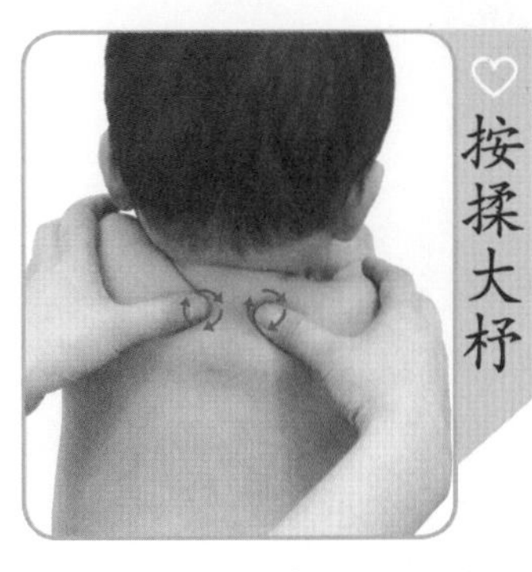

按揉大杼 02

● **主治：** 感冒、咳嗽、气喘、发热、项强、肩背痛等病症。

● **位置：** 第一胸椎棘突下旁开1.5寸。

● **操作方法：** 婴儿取坐位或俯卧位，按摩者用拇指指端按揉此穴，称为按揉大杼，按揉50～100次。

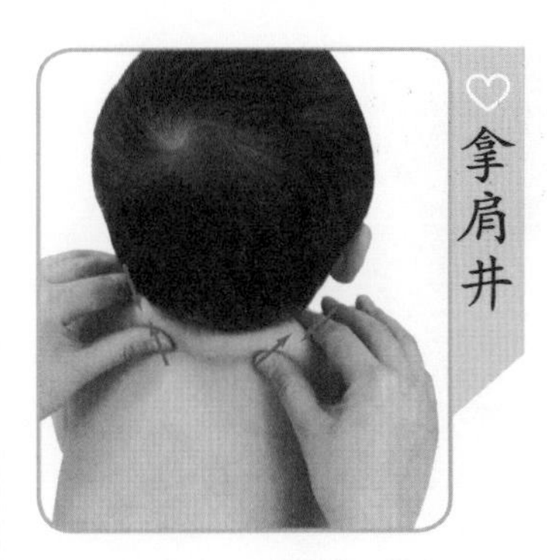

拿肩井 03

● **主治：** 感冒、惊愕、上肢抬举不利等病症。

● **位置：** 肩井位于大椎穴与肩峰最高点连线的中点处，属足少阳胆经。在按摩临床中又有指肩上大筋。

● **操作方法：** 按摩者用拇指及食指、中指，对称用力提拿婴儿两侧肩上大筋3～5次，称拿肩井，用拇指指端按其穴位5～10次，称按肩井。

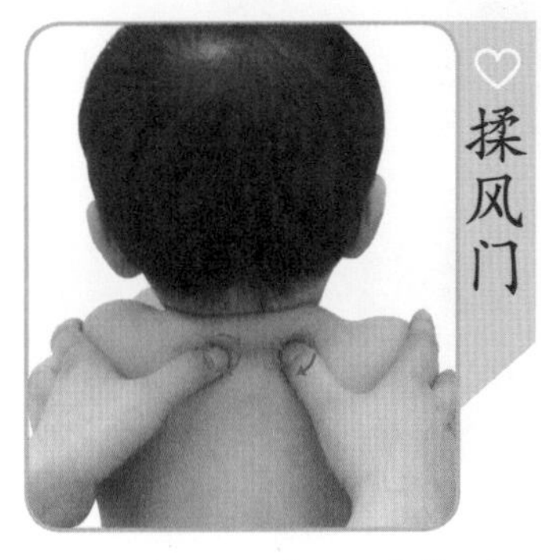

揉风门 04

● **主治：** 感冒、咳嗽、气喘等病症。

● **位置：** 位于第二胸椎棘突下旁开1.5寸。

● **操作方法：** 婴儿取坐位或俯卧位，按摩者用拇指、食指或中指指端分别揉婴儿两侧风门穴50～100次，称揉风门。

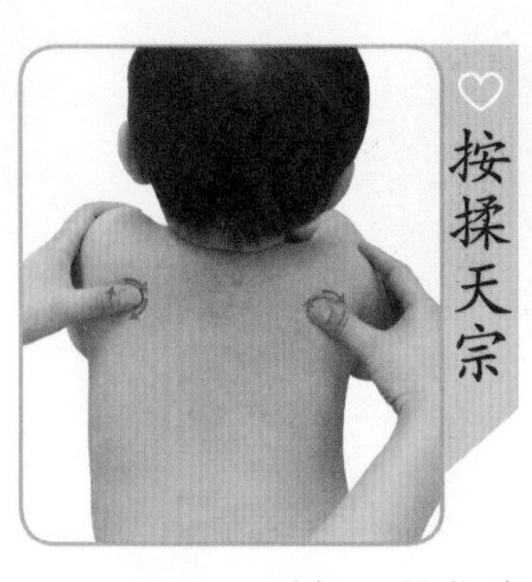

按揉天宗 05

● 主治：近视、婴儿脑瘫、小儿麻痹后遗症、婴儿肌性斜颈、项强等病症。

● 位置：肩胛骨冈下窝的中央。

● 操作方法：婴儿取坐位或俯卧位，按摩者用拇指螺纹面按揉此穴，称为按揉天宗，揉50～100次。

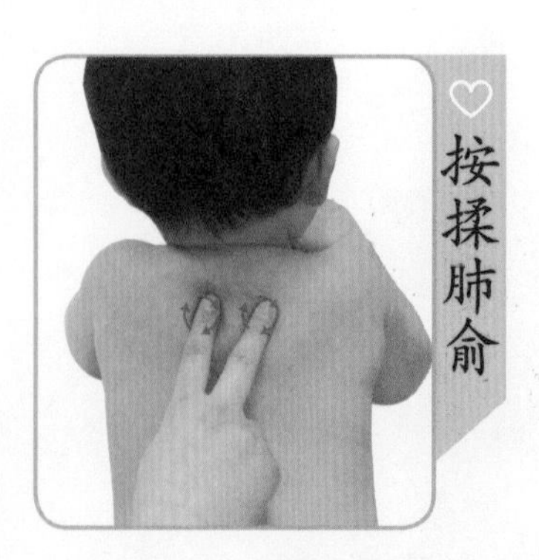

按揉肺俞 06

● 主治：发热、咳喘以及一切呼吸道、肺系疾患。

● 位置：在第三胸椎棘突下旁开1.5寸，属足太阳膀胱经。

● 操作方法：婴儿取坐位或俯卧位，按摩者用食、中二指指端在此穴上回环揉，称按揉肺俞；用两手大拇指指腹自婴儿肺俞穴沿肩胛骨后缘向下分推即为分推肺俞，各50～100次。

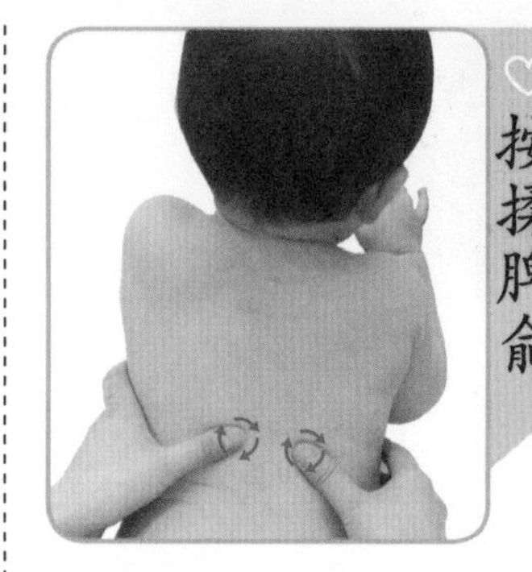

按揉脾俞 07

● 主治：呕吐、腹泻、疳积、食欲不振、黄疸、水肿、慢惊风、四肢乏力及脾胃部疾病。

● 位置：在第十一胸椎棘突下，旁开1.5寸。

● 操作方法：婴儿取坐位或俯卧位，按摩者用拇指指端按揉此穴，称按揉脾俞，50～100次。

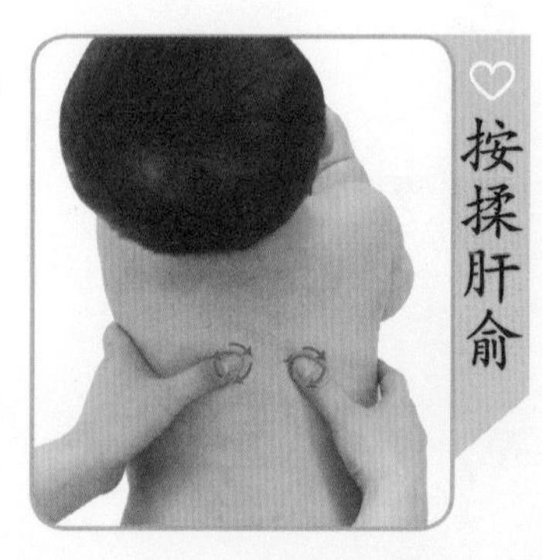

按揉肝俞 08

● 主治：近视、烦躁、惊风、黄疸胁痛、目赤肿痛等病症。

● 位置：第九胸椎棘突下旁开1.5寸，属足太阳膀胱经。

● 操作方法：婴儿取坐位或俯卧位，按摩者用拇指螺纹面按揉此穴，称为按揉肝俞，50～100次。

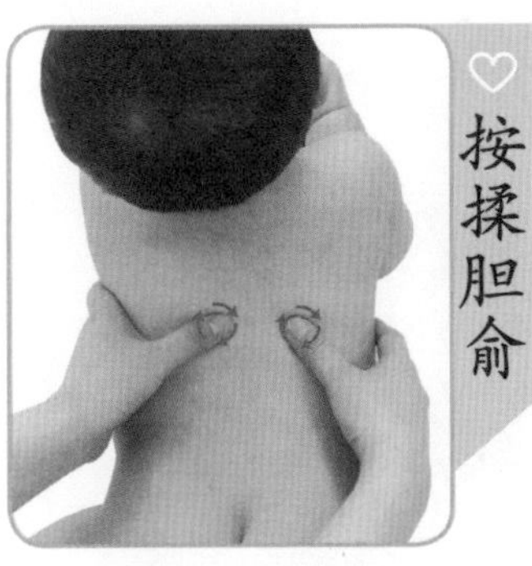

●主治：黄疸、口苦、胁痛、潮热等病症。

●位置：第十胸椎棘突下旁开1.5寸，属足太阳膀胱经。

●操作方法：婴儿取坐位或俯卧位，按摩者用拇指螺纹面按揉此穴，称为按揉胆俞，50～100次。

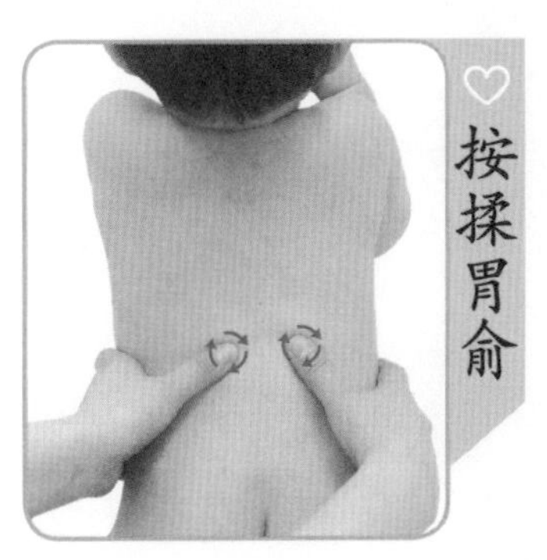

●主治：呕吐、腹泻、疳积、食欲不振等消化系统疾病。

●位置：在第十二胸椎棘突下，旁开1.5寸。

●操作方法：婴儿取坐位或俯卧位，按摩者用拇指指端按揉此穴，称按揉胃俞，50～100次。

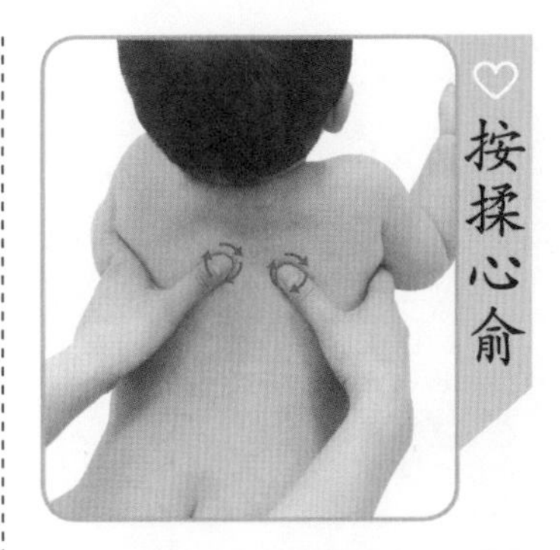

●主治：婴儿惊风、烦躁、盗汗、弱智、遗尿、婴儿脑瘫等病症。

●位置：第五胸椎棘突下旁开1.5寸，属足太阳膀胱经。

●操作方法：婴儿取坐位或俯卧位，按摩者用拇指螺纹面按揉此穴，称为按揉心俞，50～100次。

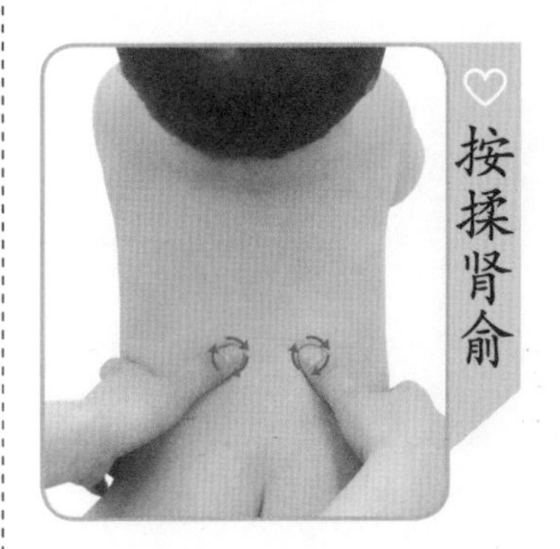

●主治：遗尿、尿频、腰酸乏力等泌尿生殖系统、部分先天不足和部分外科病。

●位置：第二腰椎棘突下旁开1.5寸。

●操作方法：婴儿俯卧位，按摩者用两拇指在婴儿两侧肾俞穴上按揉，称按揉肾俞；若以手掌或鱼际擦之，则称擦肾俞，各3～5分钟。

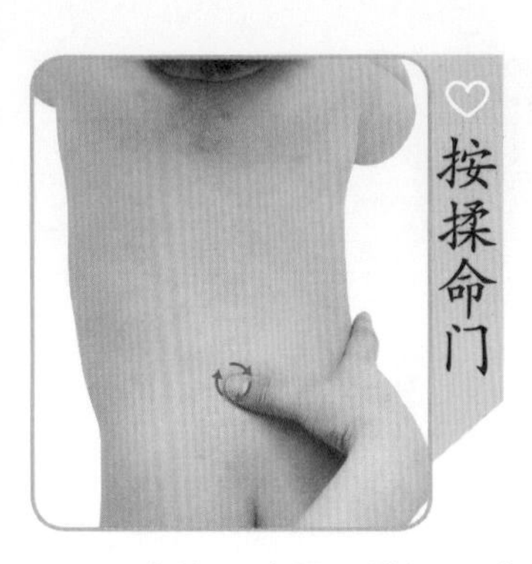

● 主治：遗尿、泄泻、哮喘、水肿等病症。

● 位置：第二腰椎棘突下方即是该穴，正位于脊柱上。

● 操作方法：婴儿俯卧位，按摩者用拇指在婴儿两侧命门穴上按揉，称按揉命门。

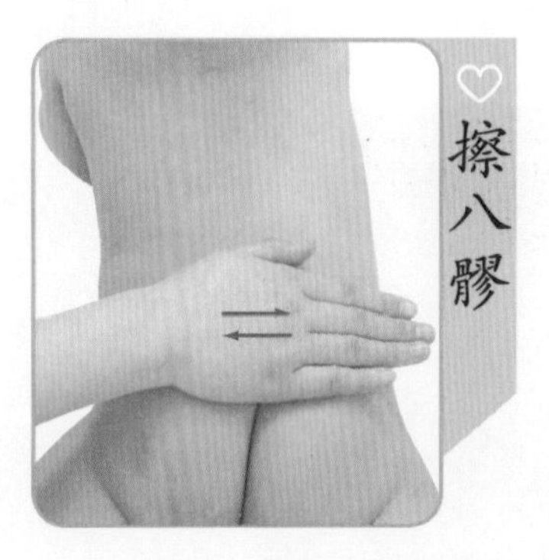

● 主治：遗尿、小便不利、便秘等。

● 位置：为婴儿骶骨后凹陷的8个孔，八髎穴是八个穴位的总称，即上髎、次髎、中髎、下髎，左右共八个穴，分别位于第一、二、三、四个骶骨后孔中。

● 操作方法：婴儿俯卧位，并涂按摩介质，按摩者以小鱼际擦此八穴，称为擦八髎，至有热感为度；亦可用双手拇指或掌根按揉此八穴称为按揉八髎，各30～50次。

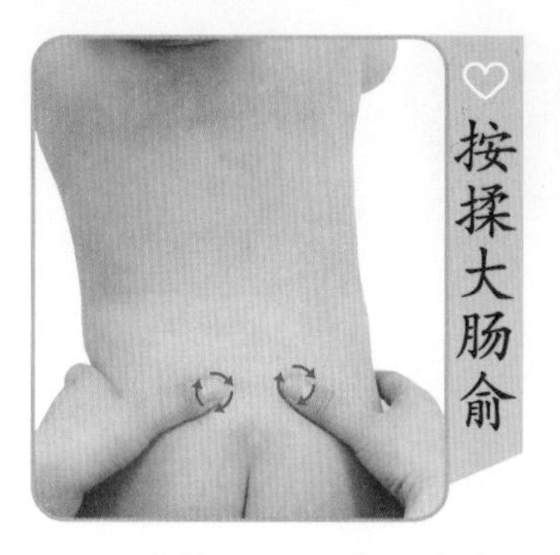

● 主治：胃肠炎、痢疾、遗尿、肾炎等病症。

● 位置：在腰部，第四腰椎棘突下，旁开1.5寸。

● 操作方法：婴儿俯卧位，按摩者用拇指在婴儿两侧大肠俞穴上按揉，称按揉大肠俞，50～100次或3～5分钟。

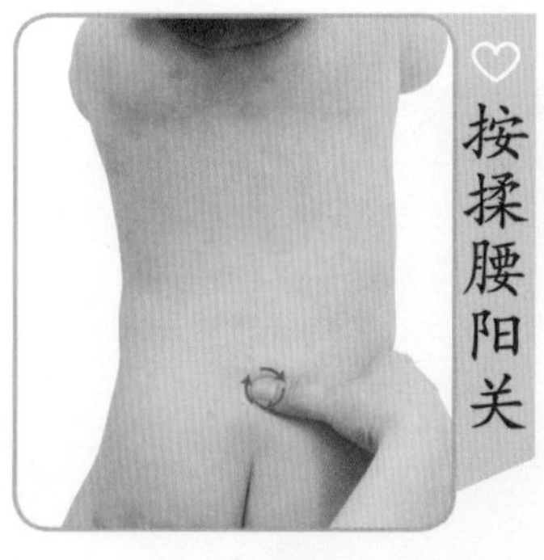

● 主治：泌尿系统疾病如遗尿、泄泻，哮喘，水肿及局部病症如腰脊强痛等。

● 位置：第四腰椎棘突下方即是该穴，正位于脊柱上。

● 操作方法：婴儿俯卧位，按摩者用拇指在婴儿两侧腰阳关穴上按揉，称按揉腰阳关，50～100次或3～5分钟。

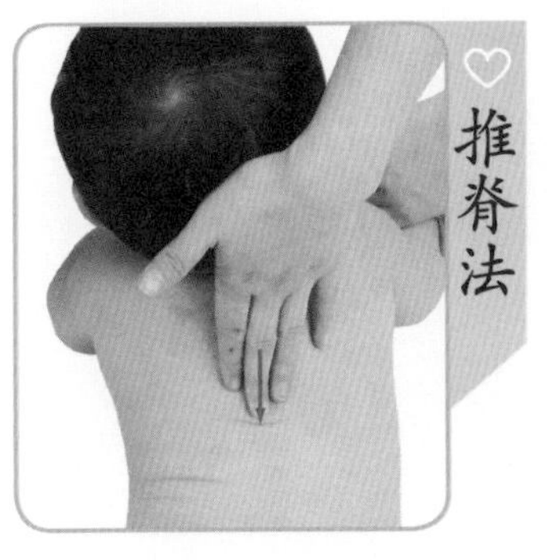

● 主治：感冒、发热、便秘等病症；捏脊法可用于治疗疳积、腹泻等。

● 位置：第七颈椎棘突下凹即大椎穴至尾骨端之长强穴成一直线。

● 操作方法：暴露背部，按摩者以拇指螺纹面或食、中二指指腹自上向下直推，称推脊法；用捏法自下而上称为捏脊法；每捏三下再将背脊皮肤提一下，称为“捏三提一法”，各3～5遍。

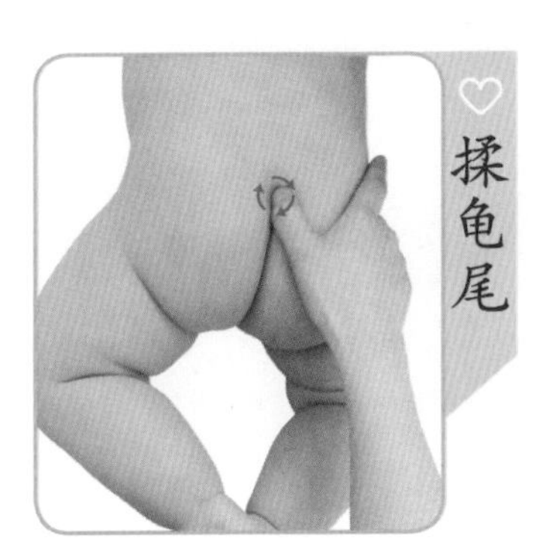

● 主治：泄泻、便秘、脱肛等。

● 位置：尾椎骨末端。

● 操作方法：婴儿俯卧位，按摩者可用拇指指端或中指指端揉此穴，称揉龟尾，50～100次，以产生温热为宜，或以拔火罐代之；以拇指或中指指甲掐此穴，称掐龟尾，掐3～5次。

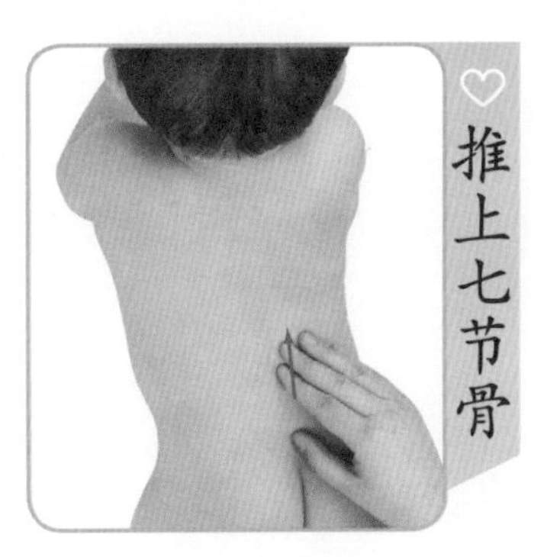

● 主治：泄泻、便秘、脱肛、遗尿等。

● 位置：位于腰骶正中，命门至尾骨端一线。另一说法：位于背部正中线，约当第七胸椎处。

● 操作方法：婴儿俯卧位，按摩者用拇指桡侧面或食、中二指指面自下向上自下向上推至命门，称推上七节骨，推50～100次。

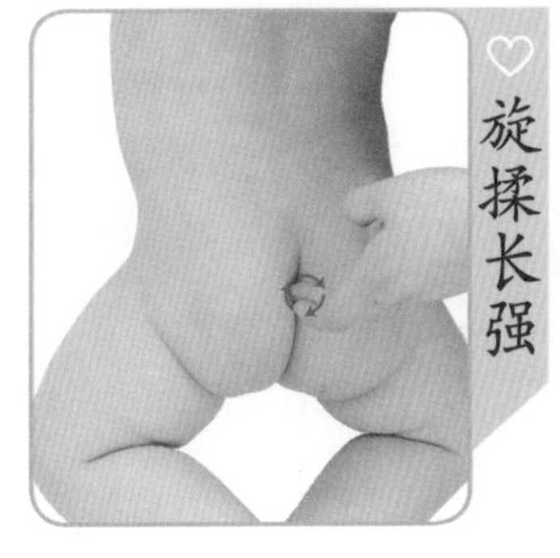

● 主治：肠炎、痔疮、脱肛等。

● 位置：在尾骨尖端与肛门之间。

● 操作方法：以中指、食指在长强穴上旋揉，称旋揉长强，50～100次。

Chapter 07 行动灵活——下肢按摩

为了宝宝更加健康，爸爸妈妈为宝宝下肢做按摩，这不仅促进器官功能健全、活动肌肉、疏通血管、松筋练骨活动关节，增加腿部运动。同时抚触足底相当于足底按摩，可促进全身各器官功能的健全。

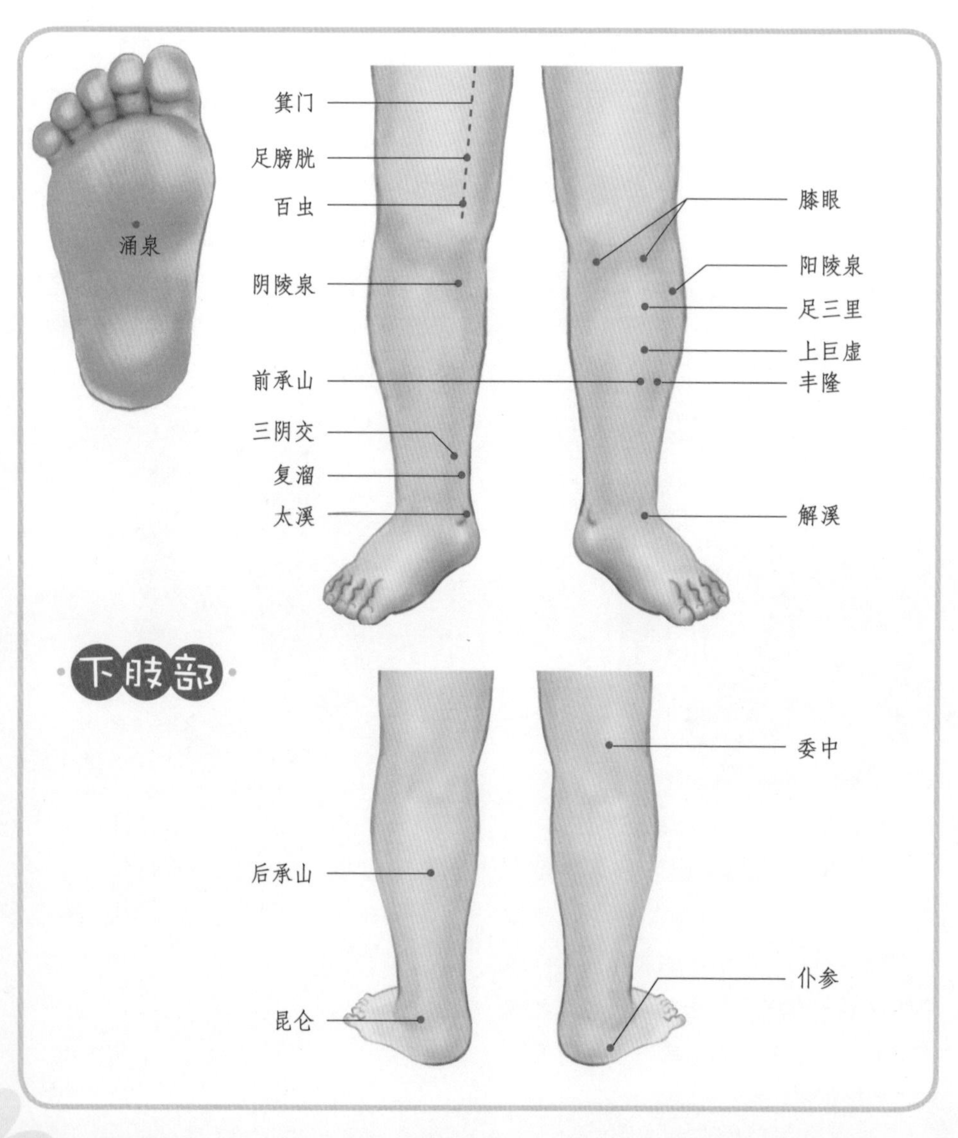

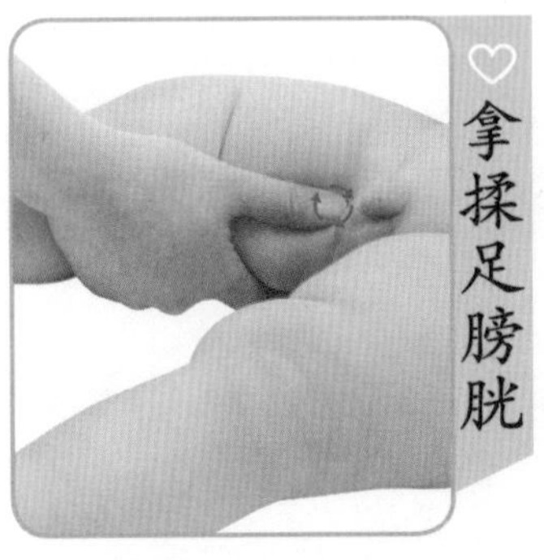

● 主治：癃闭、小便不利等。

● 位置：血海穴上6寸，相当于箕门穴上方部位，属足太阴脾经。

● 操作方法：婴儿仰卧位或坐位，按摩者用拇指与食、中二指相对用力揉拿此穴，称拿揉足膀胱，拿揉3～5次。

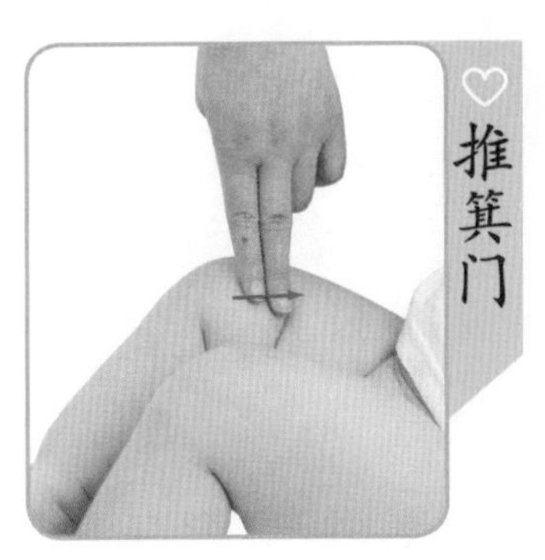

● 主治：小便赤涩不利、尿闭、水样泄泻等病症。

● 位置：大腿内侧、膝盖上缘至腹股沟成一直线。

● 操作方法：婴儿仰卧位或坐位，按摩者用食、中二指指腹自婴儿膝盖内上缘至腹股沟部做直推，称推箕门，推50～100次。

● 主治：四肢抽搐、下肢痿痹等病症。

● 位置：膝上内侧髌骨内上2寸肌肉丰厚处。

● 操作方法：婴儿坐位或仰卧位，按摩者用拇指指腹按揉此穴，称按揉百虫，按揉50～100次或3～5分钟；或用拇指与食指拿此穴，称拿百虫，拿3～5次。

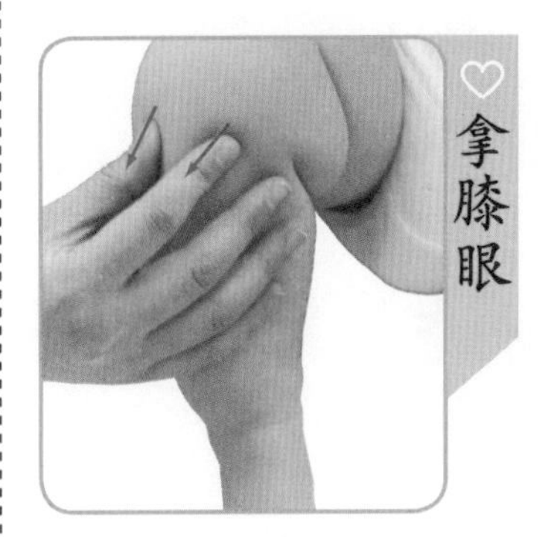

● 主治：下肢瘫软、惊风抽搐等病症。

● 位置：屈膝，髌骨下缘，髌骨韧带内外侧凹陷中，属足阳明胃经。

● 操作方法：婴儿坐位或仰卧位，按摩者以右手拇、食二指指端按揉或拿此穴，称按揉膝眼或拿膝眼，按揉3～5分钟，或拿3～5次。

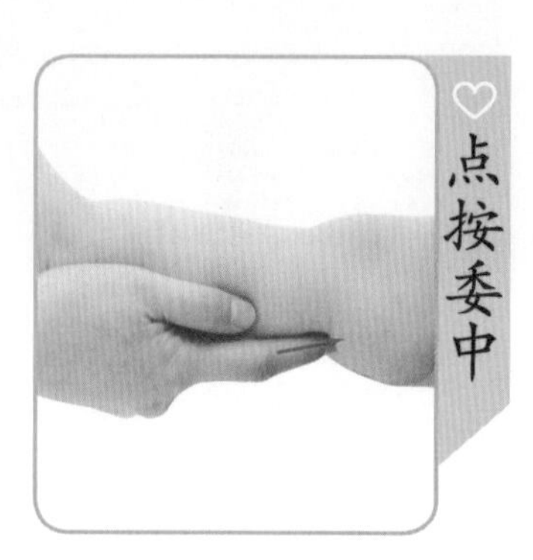

05 点按委中

● 主治：惊风抽搐、下肢痿软、无力等。

● 位置：委中在腘窝横纹中间凹陷中。

● 操作方法：婴儿俯卧位，按摩者以拇指点按此穴；或婴儿坐位或仰卧位，按摩者以食指点按此穴，称点按委中，点按3～5次。

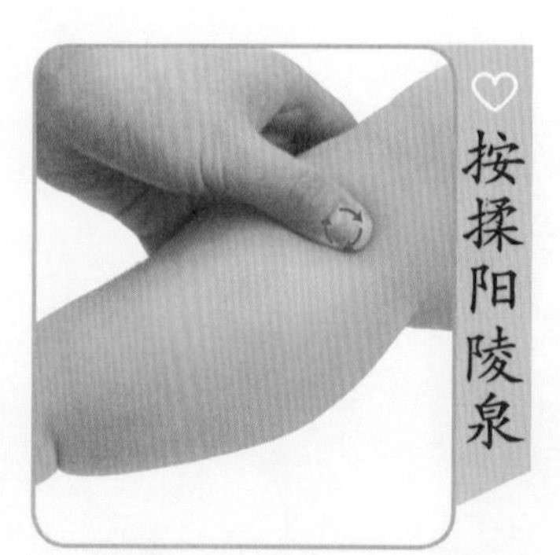

06 按揉阳陵泉

● 主治：胆腑病症如胁痛、口苦、呕吐、黄疸；筋的病症如下肢痿痹、下肢放射痛；婴儿惊风等。

● 位置：采用仰卧位或侧卧位，仰卧时下肢微屈，在腓骨小头前下凹陷中取之。

● 操作方法：婴儿坐位或仰卧位，按摩者用拇指或中指按揉此穴，称按揉阳陵泉，按揉3～5分钟。

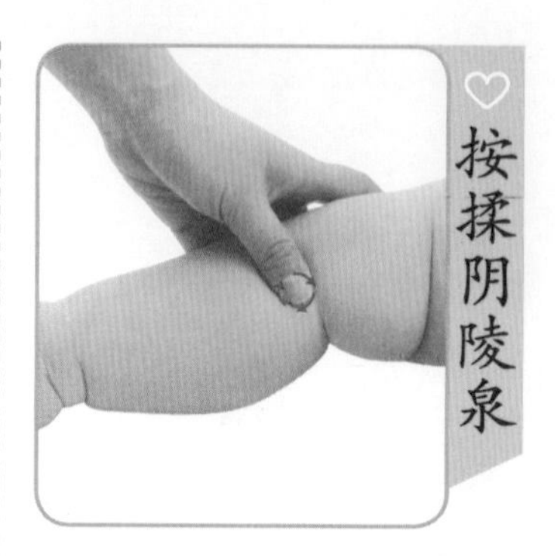

07 按揉阴陵泉

● 主治：遗尿、尿潴留、消化不良、痢疾等。

● 位置：在小腿内侧，在胫骨内侧髁后下方凹陷处，与阳陵泉相对。

● 操作方法：婴儿坐位或仰卧位，按摩者以拇指按揉此穴，称按揉阴陵泉，按揉3～5分钟。

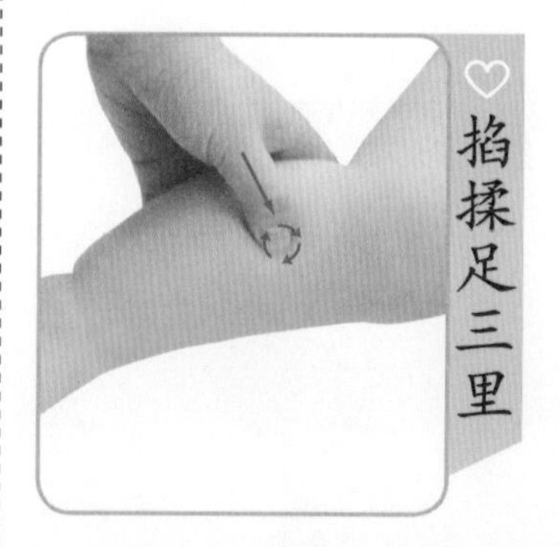

08 掐揉足三里

● 主治：腹胀、腹痛、泄泻呕吐、下肢痿软乏力等。

● 位置：膝盖外侧陷凹下3寸，胫骨外侧约一横指处。

● 操作方法：婴儿坐位或仰卧位，按摩者用拇指掐并揉此穴，称掐揉足三里，掐揉3～5次；按摩者用拇指按揉此穴则称按揉足三里，一般为一按三揉配合，50～100次。

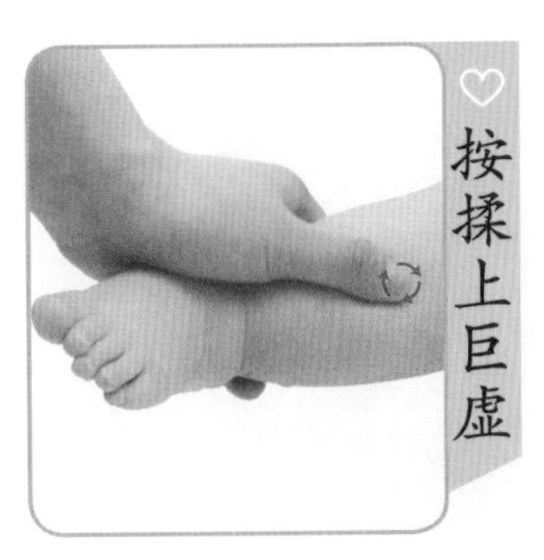

● 主治：肠胃疾病，如肠炎、肠鸣、腹痛、腹泻、便秘、肠痈等；下肢局部等病症。

● 位置：在犊鼻穴下6寸，足三里穴下3寸，距胫骨前缘一横指（中指）。

● 操作方法：婴儿坐位或仰卧位，按摩者用拇指按揉此穴，称按揉上巨虚，一按三揉，3～5分钟。

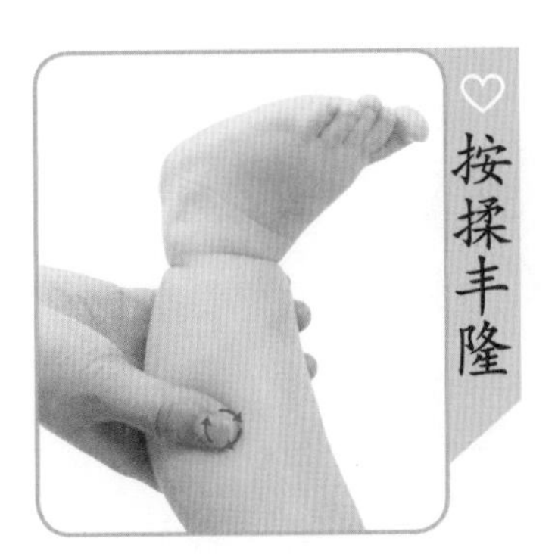

● 主治：主治头痛眩晕、咳嗽多痰、癫狂、痫症等。

● 位置：小腿前外侧，外踝尖上8寸，胫骨前缘外二横指（中指）处。内与条口相平，外膝眼（犊鼻）与外踝尖连线的中点。

● 操作方法：婴儿坐位或仰卧位，按摩者用拇指按揉此穴，称按揉丰隆，按揉3～5分钟。

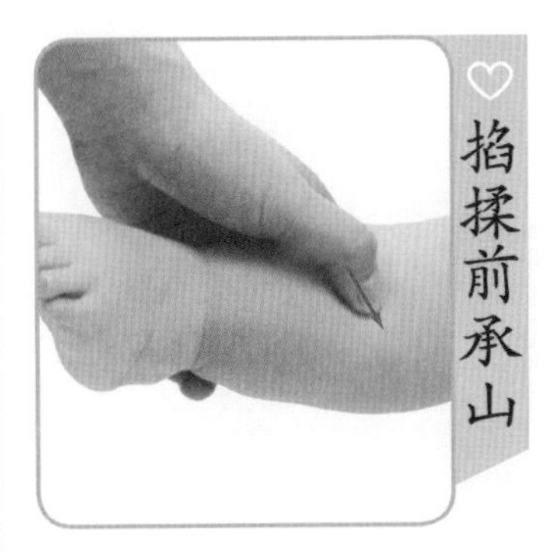

● 主治：惊风、下肢抽搐等。

● 位置：小腿胫骨旁，与后承山穴相对处。

● 操作方法：婴儿坐位或仰卧位，按摩者用拇指掐揉此穴，称为掐揉前承山，掐3～5次，揉50～100次。

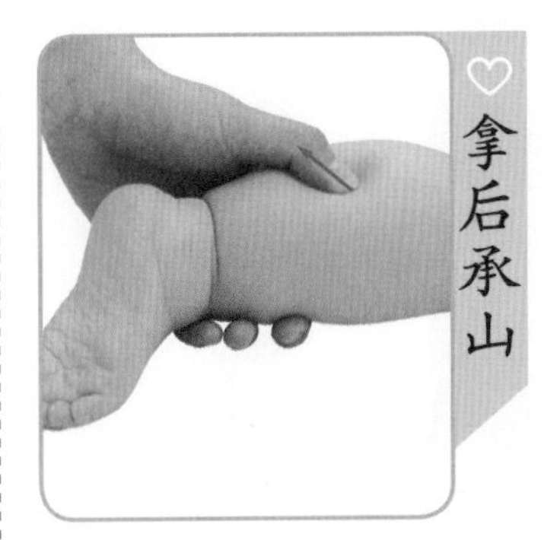

● 主治：腿痛抽筋、下肢痿软无力等病症。

● 位置：在腓肠肌交界尖端，人字形凹陷处，属足太阳膀胱经。

● 操作方法：婴儿俯卧位，按摩者用拇指与食指、中指指端相对用力拿此穴，称拿后承山；若按摩者用拇指点按此穴则为点按后承山，各3～5次。

13

● 主治：遗尿、惊风等病症。

● 位置：足内踝上3寸，属足太阴脾经。

● 操作方法：婴儿坐位或仰卧位，按摩者以右手拇指按揉此穴称按揉三阴交；按摩者以右手拇指指端由此穴向上、向下推则称推三阴交；用大拇指运该穴称运三阴交。自上往下推、往外运为泻，自下往上推、往里运为补，各50～100次或3～5分钟。

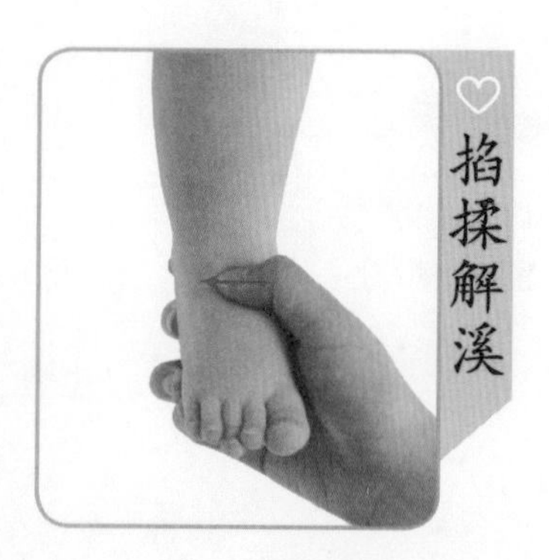

14

● 主治：急惊风、呕吐、泄泻、踝关节屈伸不利等病症。

● 位置：踝关节前横纹中点，两筋之间凹陷中，属足阳明胃经。

● 操作方法：婴儿坐位或仰卧位，按摩者以拇指指端掐揉此穴，称为掐揉解溪，掐3～5次，揉50～100次或3～5分钟。

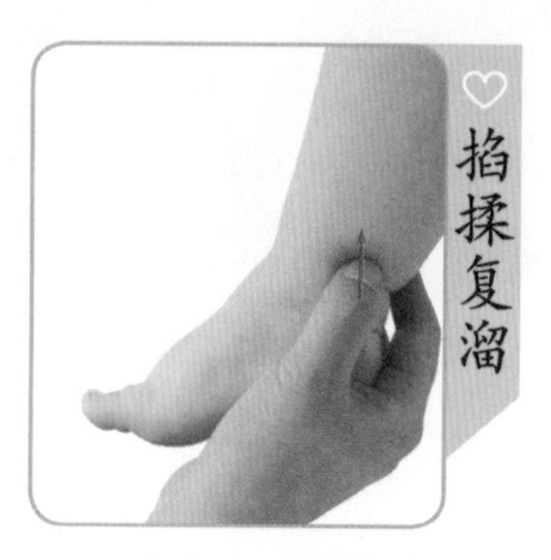

15

● 主治：生殖泌尿系统疾病如肾炎、睾丸炎、尿路感染；神经精神疾病如婴儿麻痹后遗症、脊髓炎等。

● 位置：在小腿内侧，太溪直上2寸，跟腱的前方。

● 操作方法：婴儿坐位或仰卧位，按摩者可掐揉此穴，称掐揉复溜；若按摩者行点按法则称为点按复溜，各3～5分钟。

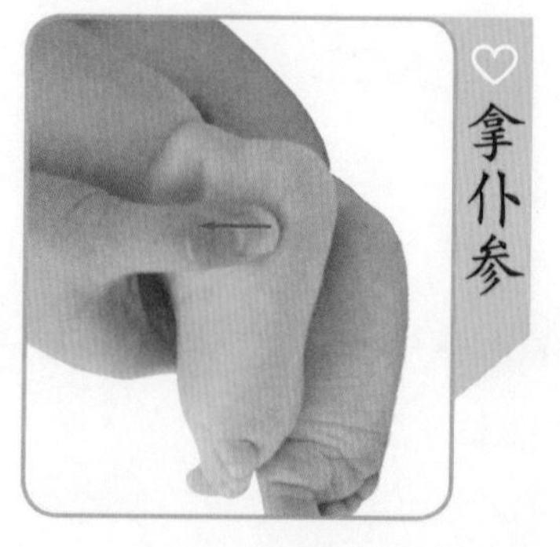

16

● 主治：惊厥、惊风等病症。

● 位置：在昆仑穴下，跟骨外侧下凹陷中，属足太阳膀胱经。

● 操作方法：婴儿坐位或仰卧位，按摩者用拿法，称拿仆参；用掐法，称掐仆参，各3～5次。

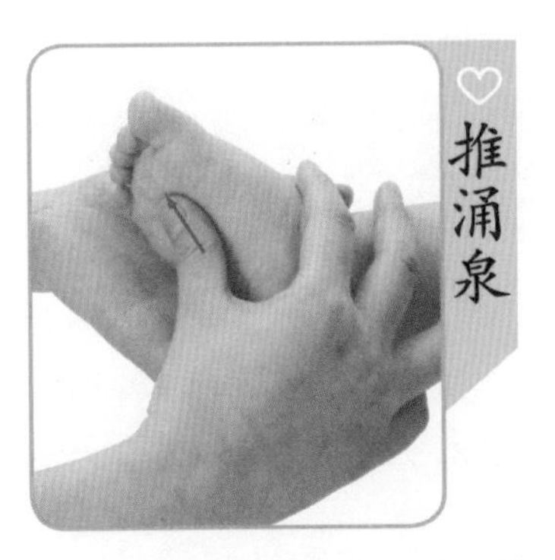

● 主治：发热、呕吐、腹泻、五心烦热等病症。

● 位置：在足掌心前1/3与后2/3交界处，属足少阴肾经。

● 操作方法：婴儿仰卧位或坐位，按摩者用拇指腹自此穴向足趾推，称推涌泉；用拇指指端揉之，称揉涌泉；用掌推搓擦之，则为擦涌泉，各50～100次。

● 主治：惊风。

● 位置：在外踝尖与跟腱中点凹陷处，属足太阳膀胱经。

● 操作方法：婴儿仰卧位或侧卧位，按摩者用拇指指端掐揉昆仑穴，3～5次。

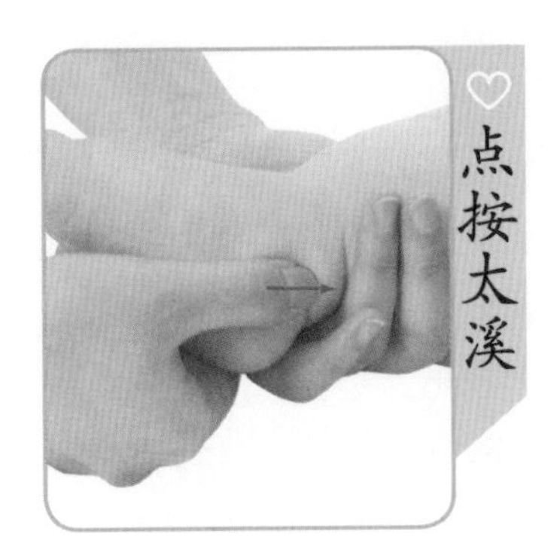

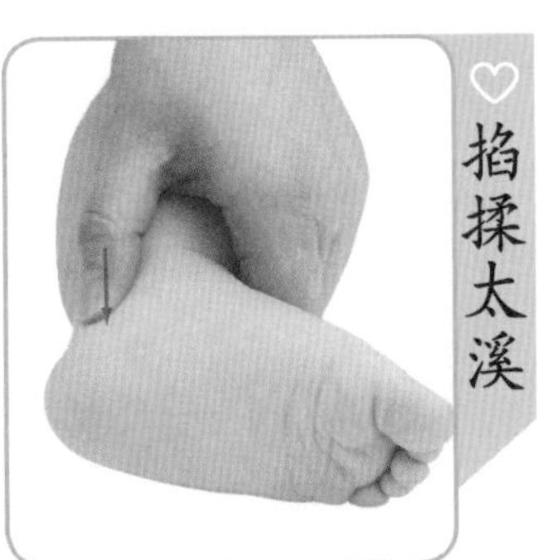

● 主治：咽喉痛、虚火牙痛、耳鸣、虚喘、咯血、消渴、失眠等与肾脏功能相关的疾病。

● 位置：足内踝尖与跟腱水平连线的中点处。

● 操作方法：婴儿坐位或仰卧位，按摩者用拇指点按此穴，称为点按太溪；按摩者用拇指掐揉此穴，则称为掐揉太溪，各3～5次。

Part 05

最有效的宝宝全脑开发教育法

天才宝宝不可忽视的启智教育

Chapter 01 均衡开发宝宝的左右脑

爸爸妈妈在孕期辛苦进行胎教，就是为了能够拥有一个健康聪明的宝宝。如果宝宝出生后，却放弃早教的最佳良机，那无疑等于前功尽弃。所以，新妈妈和新爸爸要从宝宝刚出生起步，重视全面系统的潜能开发。

专家研究发现，宝宝的智力发展原来和左右脑的均衡发育有着莫大的关系，左脑又称为“思维脑”、“学术脑”，引导着语言、逻辑、数学、顺序、符号、分析等等的运用，善于把复杂的事情条理化；右脑又称为“艺术脑”“创造脑”，它引导着韵律、节奏、图画、想象、情感、创造等因素，它是想象力、创造力的原动力。下面就让我们更清楚地看看左脑与右脑的机能差别。

左脑功能

左脑与右半身的神经系统相连，掌管其运动、知觉，因此，右耳、右视野的主宰是左脑。最大的特征在于具有语言中枢，掌管说话、领会文字、数字、作文、逻辑、判断、分析，因此又被称为“知性脑”。能够把复杂的事物分析为单纯的要素，比较偏向理性思考。

右脑功能

右脑与左半身的神经系统相连，掌管其运动、知觉，因此，左耳、左视野的主宰是右脑；右脑掌管图像、感觉，具有鉴赏绘画、音乐等能力，被称为“艺术脑”；具有韵律、想象、颜色、大小、形态、空间、创造力……负担较多情绪处理；比较偏向直觉思考。

左右脑如何合作

左右脑的运作流程，是由左脑透过语言收集信息，把看到、听到、摸到、闻到、尝到，也就是视觉、听觉、触觉、嗅觉、味觉五感，接收到的信息转换成语言，再传到右脑加以印象化，接着传回给左脑逻辑处理，再由右脑显现创意或灵感，最后转给左脑，进行语言处理。

全脑开发战略

专家认为，左右脑应该均衡发展。即掌握适当的时期，对宝宝的左右脑进行以下三步骤的开发，这样才达到事半功倍的作用。

营养是益智配方

小宝宝从出生开始大脑就不断地需要吸收各种帮助大脑发育发展的营养元素，特别是ARA和DHA，这些营养元素对脑部和视觉发育非常重要。

益智游戏

借助游戏和玩具完成智力开发，通过科学的训练和方法，向宝宝输送精神营养，开发宝宝的脑部潜能。

妈妈参与

在宝宝玩游戏时，妈妈的参与很重要，因为妈妈的爱心和耐心能够很好地诱导宝宝投入到游戏当中，给予宝宝最大的安全感和最好的心灵沟通。

宝宝左脑、右脑智能测评标准

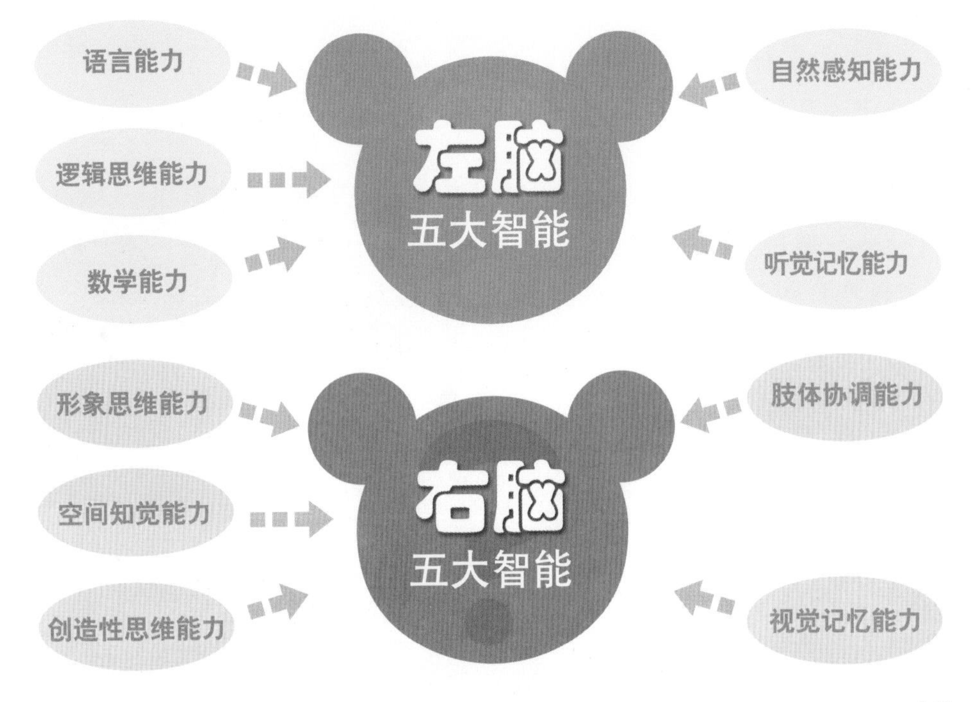

语言智能

语言智能是指有效运用口头语言或书写文字的能力。一个宝宝从牙牙学语到流利讲话，是一件多么神奇的事情。语言智能的表现，不仅是一个小宝宝会读会写的能力，而且是一种在不同场合中准确恰当表达自己以及善于与人交流的能力。

语言智能可以促进其他智能的发展

随着语言能力的发展，婴儿的心理发展水平也会逐步提高。良好的语言智能有助于其他智能的发展。比如，人际间交往中的人际智能，就需要以良好的语言能力为基础；内省智能的发展和运作也需要良好的语言智能。语言智能带给宝宝什么：

让宝宝能表达想要什么。

让宝宝通过讲话与他人沟通。

培养宝宝的自信。喜欢开口说话的宝宝在生活中和长大去幼儿园里能得到更多能力的锻炼。

提高宝宝在学校的成绩。幼儿园和学校里的活动大多与语言文字有关，比如阅读、写字、写作、演讲、讨论、背诵。

通过阅读可以知道新知识，了解神秘事物。

可以访问新地方，会见有趣的人们。

宝宝语言智能的培养

要培养和提升宝宝的语言智能，重要的是要将他们置于现实生活环境中，用全语言教育的方法进行培养。

所谓全语言教育方法，就是将生活中的一切环境都作为语言教育的环境。宝宝还小，爸爸妈妈可以利用生活中的一切资源，利用与宝宝在一起的各种时间，跟他说话，利用映入眼帘的文字符号跟他对话，进行语言交流。

充分利用日常生活情景跟宝宝多说话。

喂宝宝吃饭，带着宝宝外出，都是进行口头语言交流的绝佳机会。譬如，削水果给宝宝吃的时候，你就可以告诉他，水果的名称，再扩展到其他水果的名称。

带宝宝外出时，沿途的所见所闻，均可作为跟宝宝谈话的内容。

激发宝宝的说话兴趣

刚出生的宝宝就会对声音作出反应，但他的发音器官还不完善，只是细小的喉音，2周左右能分辨人的声音与其他的声音。爸爸妈妈一定要抓住时机，多和宝宝说话，多给宝宝赞扬和微笑，多激发宝宝的说话兴趣。

宝宝啼哭之后，爸爸妈妈可以模仿宝宝的哭声。这时宝宝会试着再发声，几次回声对答，宝宝就会喜欢上这种游戏似的叫声，渐渐的宝宝学会了叫而不是哭。这时爸爸妈妈可以把口张大一点，用“啊”来代替哭声诱导宝宝对答，循序渐进地教宝宝发音。如果宝宝无意中发出另一个元音，无论是“啊”或“噢”都应以肯定、赞扬的语气予以回应以巩固强化，并且记录下来。

经常与宝宝进行语言“交流”

宝宝过了满月之后，在高兴时会发出咿咿呀呀的声音，虽然这还不能算是说话，但却是开始说话的第一步。这时，妈妈或爸爸就应因势利导，多和宝宝说话。

虽然宝宝不懂每一个字的确切含义，更不能作出正确的回应，但宝宝在听到声音时，就会安静下来，专注地看着你嘴唇的动作，有时还会兴奋地扭动身体。这种有意识的语言“交流”，不仅能加强宝宝与爸爸妈妈之间亲密的感情联系，而且可以满足宝宝与他人交往，甚至身体接触的需求，为宝宝发展语言能力及社会交往行为奠定基础。

在和宝宝进行语言“交流”时，要面对面说话，发音口型要准确，声音要轻柔而清晰。当宝宝注视着你时，你可以慢慢地移动头的位置，设法吸引宝宝的注意力，让宝宝的视线随你移动。这样做不但锻炼了宝宝的听力，也锻炼了宝宝的视力。

专家导航

读懂宝宝的“哭”

爸爸妈妈应该对宝宝的哭声有所辨别，有病哭，或无病哭，还是无故哭闹。有病哭闹应及时送医院治疗。无病哭闹是饿、渴、尿布湿了，或受冷、太热，或衣服穿得不舒服等，经护理或改变就会安静。若是无故哭闹，则不要立即去抱他哄他，否则一哭就抱，久而久之则形成了坏习惯，“哭”成了向大人“示威”的武器。而要根据宝宝的年龄大小特点，去接触他，逗乐他，这对宝宝的语言智能发育非常有利。

逐步训练宝宝的发音

随着宝宝各种感觉器官的成熟，宝宝对外界刺激的反应越来越多，愉快情绪也逐渐增加。3个月的宝宝在发音和语言能力上有了一定的发展，逗他时会非常高兴并发出欢快的笑声，当看到妈妈时，脸上会露出甜蜜的微笑，嘴里还会不断地发出咿呀的学语声，似乎在向妈妈说着知心话。此时，宝宝能发出较多的自发音，并能清晰的发出一些元音，妈妈和爸爸可以利用这个机会培养宝宝的发音，在宝宝情绪愉快时多与宝宝说笑。

创造良好的语言氛围

训练宝宝语言能力的首要一点，就是要创造良好的语言氛围，妈妈或爸爸要养成与宝宝说话的习惯，让宝宝有自言自语或与妈妈和爸爸咿咿呀呀“交谈”的机会。

起初，宝宝喉咙里的咯咯声或嘴里发出的咿咿呀呀声完全是无意识的，但已对元音做出更多的尝试。这时，宝宝的词汇包括从简单单音节的或短或长的尖叫。随着月龄的增加，宝宝就可能发出拖长的单元音，或连续的两个音，如“啊咕”、“啊呜”等，并能逐渐模仿妈妈或爸爸的口形发出声音。

所以，在宝宝情绪好的时候，妈妈或爸爸可用愉快的口气和表情，逗引宝宝主动发声。

虽然宝宝不会重复任何话语，但宝宝会注意倾听，并会把听到的话储存在大脑里，逐渐学会表达。

让宝宝听懂自己的名字

在进行语言能力训练前，首先要让宝宝听懂妈妈或爸爸叫他的名字。根据有关胎教的实验研究表明，一组在妈妈妊娠的第7个月时，就为宝宝取好一个正式的名字，而且每次都用同一个名字呼唤腹中的宝宝，那么，这组的宝宝在孕期只要经过一个月左右的呼名训练，在出生3个月后，就会听到妈妈或爸爸喊自己的名字而本能地回头。而另一组由于

没有经过呼名训练，或者所叫的名字不固定，大多数宝宝在5～7个月时才知道自己的名字，听到妈妈或爸爸喊自己的名字时才会有回头的反应。呼名训练对宝宝的语言能力训练大有好处，不仅可以使宝宝注意力集中，而且对妈妈或爸爸的发音也具有很强的记忆力。

进行语言训练的注意事项

在宝宝会说话之前，就学到了许多语言知识。所以，在宝宝学说话的过程中，爸爸妈妈一定要注意以下几个问题：

自从宝宝对声音有反应时，就开始专心地和宝宝谈话。

宝宝最早学会的一类词是识别物体名称的说明性词语，因此，在和宝宝谈话时，应有意识地强调物体的名称，并多重复几遍。

和宝宝交谈时，应该眼睛看着宝宝，当宝宝和你“说话”时，应停下手中的工作，目不转睛地注视着宝宝，当宝宝对你的言谈作出反应时，应夸奖宝宝所做的种种努力。

你可以向宝宝提问，如“宝宝的玩具在哪儿呢？”等问题，宝宝最初也许不能回答你，但是宝宝会明白你的意思，也许会指给你看或点点头。

对宝宝说话时，不要过分简化你的语言，宝宝需要成人语言的刺激。

充分利用宝宝的兴奋点，和宝宝谈一些宝宝感兴趣的话题。

鼓励宝宝使用学会的那些词，把它们运用到你们的交谈中。

讲故事能促进宝宝语言的发展

给宝宝讲故事，是促进宝宝语言发展与智力开发的好办法，虽然宝宝可能还不能够听懂故事的含义，但只要妈妈或爸爸一有时间就声情并茂地讲给宝宝听，就能培养宝宝爱听故事的好习惯。如果妈妈或爸爸再多给宝宝买一些构图简单，色彩鲜艳的婴儿画报，一边用清晰、缓慢、准确、悠扬的语调给他讲故事，一边指点画册上的图像，还能培养起宝宝对图书的兴趣。当然，也有一些宝宝，无论妈妈或爸爸怎么讲，宝宝都提不起兴趣，甚至也不爱看那些画册，这时，妈妈或爸爸也不要生气着急，过一段时间后再试试，可能宝宝就会喜欢听故事了。故事的选择，要情节简单、有趣。

进行语言训练要教宝宝理解其含义

宝宝经过几个月的耳濡目染，听惯了“妈妈”“爸爸”的宝宝中，大约有50%～70%都会自动叫出“妈妈”、“爸爸”等重复音节，尽管他们还不懂这是什么意思，但这足以证明今后的一两个月，正是宝宝学习语言的敏感期。

所以，妈妈和爸爸在感受宝宝主动叫“爸爸”、“妈妈”的激动心情时，一定要抓住这个语言训练的大好时机，不仅要鼓励宝宝发音，而且要因势利导，教宝宝理解其含义。

当宝宝主动叫“爸爸”时，妈妈或爸爸就应该立刻凑到宝宝面前，一边学着宝宝“爸爸”的发音，一边指着爸爸给宝宝看，让宝宝对号入座。

尽管开始几次宝宝弄不懂“爸爸”的含义，时间一长，宝宝就会把“爸爸”的发音和面前的爸爸联系到一起了，等到爸爸走过来时，只要妈妈说“爸爸来了”，宝宝就会朝爸爸看。用同样的方法，当说“妈妈”时，宝宝也会转向妈妈一方。

目前，由于这个月的宝宝已经具备了一些简单的思维能力，可以在镜子前让宝宝看自己的样子和举动，还可以用类似的方法，教宝宝指认自己的五官等等。

训练宝宝的会话能力要联系生活

将近1岁时是宝宝模仿能力最强的时期，宝宝“咿咿呀呀”的语调开始和成人说话的语调比较相似了，妈妈和爸爸要充分利用这段时间，用与宝宝的生活联系最密切简短的词语训练宝宝的会话能力。训练时应注意以下几点：

要用普通话教宝宝正规的词语。如果宝宝说“儿语”时，妈妈或爸爸不要重复宝宝的“儿语”，而要用亲切柔和的语调把正规的词语教给宝宝。比如，当宝宝说“小狗狗”的时候，就要告诉宝宝正规的名称小狗。宝宝比较容易接受的是名词和动词。

尽管有时听不出宝宝在说什么，但妈妈或爸爸都要善于倾听和回应，你必须与宝宝进行对话，从而鼓励宝宝不断地进行尝试。

要充分运用宝宝身边的东西，配合日常生活中的动作教宝宝。比如宝宝熟识的亲人、食物、玩具等。在训练时，要鼓励宝宝一边指着东西一边发出声音，从宝宝用打手势与声音相结合，逐步发展到用词语代替手势。

训练宝宝会话能力的时候，要让宝宝保持愉快的情绪。育儿实践证明，在其他条件相等的情况下，情绪愉快的宝宝比不愉快的宝宝学习会话要快，掌握的词汇也比不愉快的宝宝多。

训练宝宝学习会话要循序渐进，不能性急，等把已经学会的词语巩固一段时间后，再进行下一轮的训练。

利用录音引导宝宝发声

爸爸妈妈可以把宝宝的发声录下来，引导宝宝发声，促进语言能力的发展。

准备录音机和空白磁带，把宝宝的发声和简单的语言录下来，然后放给宝宝听，并告诉宝宝这是你在说话，让宝宝知道是自己的声音。下一次录音的时候，可以用轻柔舒缓的乐曲作为宝宝录音的声音背景。

需要注意的是，录音时录音机尽量离宝宝近一点儿，以防止杂音过多而影响音质；放录音时，声响不要过大，以免吓着宝宝，或损伤宝宝的听力。

[Mother & Baby]

0～1岁宝宝语言智能开发小游戏

倾听宝宝的呢喃（1～2个月）

益智目标

刺激宝宝更愿意说话。

亲子互动

宝宝满月后，就会发出可爱的“啊”、“哦”或“呜”等声音，这种宝宝的呢喃即是语言基础。当宝宝发出这些声音时，妈妈就要将它们视为宝宝的语言，并细心倾听，并回应宝宝说：“哦，宝宝想说话啦！是啊，是啊！”妈妈愿意回应宝宝，宝宝也会更想说话。

专家在线

宝宝能发出两三个元音，这是可喜的现象，父母一定要做出回应，在他无意发音时发出与他主动所发的相同的音，宝宝听到后会停下来，然后学习父母的口形而发出声音。经过这样的练习，宝宝逐渐会用固定的口形发出声音，有时甚至会发出“啊不”等两个音节。

跟妈妈学发音（3～4个月）

益智目标

锻炼宝宝的发音水平，提高语言智能。

亲子互动

将宝宝抱起来，让宝宝与妈妈面对面，然后妈妈用愉快的语气与表情发出“a—a—”、“u—u—”、“ba—ba—”、“ma—ma—”等重复音节，逗引宝宝注视你的口形。每发一个重复音，停顿一下，给宝宝模仿的时间。妈妈也可以拿一个色彩鲜艳带响的玩具，在宝宝面前一边摇动一边说：“宝宝，拿（na）！”鼓励宝宝发出“na”的音。这样做，可以逗引宝宝学发音，逐渐由单音向双音发展。

专家在线

宝宝在这一时期会无意中发出“ma”或“ba”的声音，这是宝宝自己无意发出的音。不过，辅音要有口唇的参与，比仅仅会发元音要难一点，所以父母要多与宝宝“交流”。

给宝宝读报（5～6个月）

益智目标

父母和宝宝一起读报，帮助宝宝感受声音，并对宝宝形成隐性教育，让宝宝长大了之后更容易接受文字教育。

亲子互动

爸爸每天在看报的时候，可以有意识地顺便读给宝宝听。当然，宝宝现在还不能理解，但是宝宝却能感受到爸爸的声音与语调，这样做能刺激宝宝的发音兴趣，并培养他对文字的敏感度。

专家在线

虽然宝宝现在还不能理解爸爸说的话的意思，但这样经常给宝宝读报，能刺激宝宝的语言中枢，使宝宝的语言感觉更发达。所以，父母应坚持给宝宝读一些东西，比如书报、小故事等，初步给宝宝建立一个良好的“读”书习惯。

宝宝不许（7～8个月）

益智目标

引导宝宝懂得“不”的概念，提高语言理解能力。

亲子互动

吃饭时，妈妈端来一碗热粥。妈妈对着宝宝做动作，在宝宝面前摇手，并说：“粥烫，宝宝不能动。”如果宝宝不懂，还要动，妈妈要拉住宝宝的手，让宝宝的小手轻轻摸一下碗，让宝宝感觉到烫，然后再对宝宝说：“宝宝摸了吧？烫吧？不摸！”几次后，再和宝宝说“烫”时，宝宝就不再伸手了。

专家在线

宝宝自5个月大起就能看懂父母的表情，知道父母是生气还是高兴。这两个月他更进步了，能理解简单词汇而抑制自己的行动，约束自己的行为，懂得了“不许”的概念。宝宝也能逐渐理解父母的心情，如果做对了会得到妈妈的拥抱、亲吻等，会理解自己所做的符合父母的心愿。

看图讲故事（9～10个月）

益智目标

用重复的字和鲜艳的图片刺激宝宝的语言理解能力，并培养宝宝对图书的兴趣。

亲子互动

妈妈可选一些构图简单、色彩鲜艳、故事情节单一的图画书。

给宝宝念书，并让他看不同的图画，念出物品、动物的名称，如“这是小鸭子，这是小青蛙”。

如果宝宝偶尔指着书上的某一幅图，一定要告诉他名称。

专家在线

给宝宝看图讲故事，也是训练宝宝开口说话的好时机。不过，现在的图书、图片在宝宝的眼里也仅是一种玩具，所以妈妈要和宝宝一起看，让宝宝慢慢亲近图画书，培养兴趣，为今后真正地看图说话打好基础。

捡玩具（11～12个月）

益智目标

训练宝宝说完整的话。

亲子互动

当宝宝想要让妈妈帮他捡玩具的时候，会对妈妈喊不成句的话。

妈妈明白了宝宝的话时，要把宝宝的话补充完整。“宝宝，是要妈妈捡起来吗？宝宝说‘妈妈捡起来’。”

等听到宝宝的回音时，妈妈再把玩具拿给宝宝。

专家在线

这一阶段是宝宝“电报”式语言的阶段，宝宝会将一些不影响语意的说话要素漏掉，比如宝宝想让妈妈捡东西的时候，只会说“捡……”。这时，妈妈要帮宝宝把语句补充完整，逐渐让宝宝学会说规范、正确的语言。

逻辑思维智能

逻辑思维是宝宝日后学习写作和数学的基础智力。据专家介绍：中国人的思维方式讲究感受性，容易陷入情绪而影响思考能力。逻辑讲求思维从准确的概念理解入手，遵循正确的判断和推理的方法，用全面、系统的观点更理性、有效地解决工作、生活中的问题。

逻辑思维有利于培养理性的思维能力

逻辑思维智能是一种偏向理性思考方式的智能，发展这种智能有利于培养宝宝理性思维能力和严谨的态度。

开发宝宝逻辑思维智能的重要性主要是：

有利于发展逻辑思维能力，培养思维的抽象性和条理性。

有利于培养探究精神，促使宝宝好问、好追究、爱分析、爱假设、爱验证。

有利于促使宝宝多动脑筋，对事物和现象的深层次关系敏感，发展推理能力。

0～1岁宝宝逻辑思维智能的特点

在这个阶段，宝宝思维是依靠感知和动作来完成的。宝宝只有在听、看、玩的过程中，才能进行思维。比如说，宝宝常常边玩边想，但一旦动作停止，思维活动也就随之停止。

正确开发0～1岁宝宝的逻辑思维智能

这个时期的宝宝通常要运用“嗅觉、味觉”来对生存环境中存在的事物信息进行先行判别。这是因为，在宝宝逻辑思维的基本结构没有完整创建之前，对信息的采集主要是以“直观采集”为主（如凉、热、苦、甜的不适感），而“嗅觉、味觉”正是采集“直观类信息”的重要手段。所以通常意义上讲，宝宝逻辑思维基本结构创建和丰富成长初期所需要的被采集、储存到的信息中，有很大的一部分是通过嗅觉、味觉的方式采集而来的。因此，宝宝从出生到1岁这个年龄阶段对其进行良好的嗅觉、味觉、触觉等信息采集是非常重要的，它是宝宝未来具备逻辑思维智能的基石。

新生宝宝的味觉、嗅觉和触觉训练

味觉、嗅觉和触觉是宝宝感知觉体系中必不可少的组成部分，是宝宝认识外界事物，探索世界奥秘的重要途径。因此，爸爸妈妈要重视发展宝宝的感觉功能。

味觉训练

虽然新生宝宝只能吃奶，但是不论酸、甜、苦、辣、咸和各种怪味都应当让他尝尝，爸爸妈妈可以用筷子蘸点各种菜汤给他尝尝，如辣椒汤、苦瓜汤、各种蔬菜汁等，这样，他的味觉就会丰富而灵敏，将来食欲强，不挑食，不偏食，还能积累许多有益的经验，对促进宝宝认知的发展也是极有好处的。

嗅觉训练

新生儿期，宝宝能对各种气味会作出不同的反应。比如，让宝宝嗅到刺激难闻的气味，他会做打喷嚏、皱眉、摆头等动作；若闻到咸味、酸味，他会表现出皱眉、闭眼、不安的神情，甚至出现恶心或呕吐的反应。自然界和生活中的气味是很丰富的，可以让宝宝多闻一闻各种各样的、无害的气味，以促进嗅觉的发展。

触觉训练

新生宝宝的触觉器官最大，全身皮肤都有灵敏的触觉能力，有舒适、冷热、疼痛等各种感觉；最喜欢母亲的怀抱，也喜欢接触质地柔软的物品。爸爸妈妈应用各种方法刺激宝宝的触觉，以促进宝宝心智的发展。

生活中，爸爸妈妈还可以有意地给宝宝提供各种不同性质的玩具，比如，黏手的橡皮泥、毛茸茸的玩具狗、光滑的金属汽车等，供宝宝触摸摆弄，让他接触冷暖、轻重、软硬等性质不同的物体，增加他对各种物体的感觉，在实践中逐步发展宝宝的触觉功能。

[Mother & Baby]

0～1岁宝宝逻辑思维智能开发小游戏

看明暗(1～2个月)

益智目标

锻炼宝宝的视觉观察及对比能力，训练逻辑思维智能。

亲子互动

找来一张白纸和一支黑色的笔，然后将白纸对折，用笔将纸的半面涂黑，另半面空白。

在宝宝清醒时，将这张涂好的纸举到离宝宝眼睛15～30厘米的地方晃动，逗引宝宝观看。

专家在线

此游戏可在宝宝出生半个月后进行。妈妈应注意观察宝宝的眼球是否会在黑白两个画面上转动。通过这样的游戏，不仅能发展宝宝的视觉，更重要的是能训练宝宝对两种事物的对比判断能力，培养逻辑思维。

跳舞的玩具(3～4个月)

益智目标

刺激宝宝的好奇心，提高宝宝的分析、对比及判断能力。

亲子互动

游戏开始时，妈妈把会转动的玩具悬挂在宝宝的床前上方，每次悬挂一种即可。然后播放音乐，伴随着音乐让玩具缓缓地移动，刺激宝宝去看，并用目光追逐玩具。如果玩具本身有声音，就不必再放音乐，如电动飞鸟。若再用音乐，就会干扰宝宝的注意力，影响游戏效果。每样玩具挂上一段时间后，再换上其他玩具。

专家在线

3个月的宝宝，两侧眼肌已经能互相协调了，能比较熟练地追视各种运动的事物了。这个游戏不仅能训练宝宝学会视线的转移，还能培养宝宝对颜色、事物的分辨能力，并逐渐学会区别各种事物间的特征，提高其逻辑思维。

藏猫猫(5～6个月)

益智目标

训练宝宝的分析、判断能力，提高逻辑思维智能。

亲子互动

妈妈用手帕蒙住自己的脸，然后问宝宝："妈妈去哪了？"在宝宝寻找时，突然拉掉手帕露出笑脸并叫一声"喵儿"，逗宝宝笑。然后将大手帕蒙住宝宝的脸，让他学着将手帕拉开，父母高兴地叫一声"喵儿"。这个游戏的目的就是让宝宝自己操纵游戏，由他去蒙脸，自己拉开，有意识地发出声音和父母藏猫。

专家在线

这个游戏能让宝宝理解暂时看不到的事物仍然是存在的，并要设法去找到它，从而锻炼了宝宝肯定或否定某种事物存在的能力，逐渐增强逻辑思维智能。

会传手的宝宝（7～8个月）

益智目标

训练宝宝的分析判断能力，并提高手的操作技巧。

亲子互动

递给宝宝两个小玩具，让宝宝一手拿一个玩具玩耍。妈妈再拿来一个玩具放在宝宝面前，引导宝宝对这个玩具产生兴趣，看宝宝怎样拿第三个玩具。开始时宝宝可能会扔掉其中一个去拿第三个，或者用一只手将两个玩具抱在怀里，然后用一只手去拿第三个。

专家在线

7个月左右的宝宝，当手中有玩具时，父母再拿第三个玩具逗引他，他也会想拿第三个。对此，父母要不断示范，将一只手打开，把两个玩具放到打开的手里，然后再用另一只手去接第三个玩具，帮助宝宝学会传手，从而提高宝宝的判断能力和手的操作技巧。

布娃娃坐小船（9～10个月）

益智目标

培养宝宝的分析和推理能力。

亲子互动

将布娃娃放在平铺的枕巾上，让枕巾的边缘正好贴近宝宝的手。

妈妈拿起枕巾上的娃娃，在宝宝面前摇摆，引起宝宝的注意，然后放回枕巾。如果宝宝把手伸向娃娃，妈妈就要拉动枕巾，让宝宝抓不到娃娃，然后鼓励宝宝拉动枕巾拿娃娃。反复游戏，直到宝宝注意到枕巾与娃娃的关系为止。

专家在线

随着宝宝接触事物的增多，宝宝的智商也在不断地增长。在游戏过程中，宝宝也越来越懂得寻找解决问题的办法了。在这时，父母应该多做这方面的游戏，引导宝宝多思考，提高逻辑思维。

在宝宝抓枕巾的时候，父母要注意观察宝宝的手势是否还停留在“大把抓”上，如果是的话，父母要轻轻帮宝宝调整手指的位置。

妈妈吃“饺子”（11～12个月）

益智目标

训练宝宝的分析判断能力。

亲子互动

让宝宝仰卧在床上，抬起宝宝的小脚丫，让宝宝看到自己的小脚丫。

接着对宝宝说：“妈妈要吃饺子。”然后大大地张开嘴，将嘴巴凑近宝宝的小脚丫。

在嘴巴离宝宝的小脚丫只有一小段距离的时候，放开宝宝的小脚丫，并夸张地做咬的动作。

反复多次进行吃“饺子”的游戏。

专家在线

在游戏中，宝宝通过识别真动作和假动作，提高自己的分析和判断能力。另外，在游戏中的“饺”和“脚”同音，可以让宝宝初步感受到语言的奇妙，提高宝宝学习语言的兴趣。

Chapter 04 数学智能

数学智能是指有效运用数字和推理的能力。数学智能是人类智能结构中最重要的基础智能之一。宝宝认识自然界的一个重要方面就是认识自然界的各种数量关系、形状和空间概念，并利用这些数量关系、形状和空间概念进行学习，从而进一步提升宝宝数学智能的水平。

数学智能是宝宝最重要的基础智能

爸爸妈妈在早期教育中，应利用一切可以利用的条件，逐步提升宝宝的数学智能的水平。

数数。比较或注意哪个更大，哪个更小，哪个更重，哪个更响。

收集。玩不同形状的东西，进行比较和排列。

组成特别大的数字。当具有很强的数学智能的幼儿长大一点后，他们喜欢。

计算（加、减、乘、除）。

使宝宝有数量的概念

对宝宝进行数量概念的训练，可以结合吃东西进行。比如，游戏时妈妈或爸爸在给宝宝拿饼干的时候，只给宝宝1片，并竖起食指告诉宝宝“这是1”。要让宝宝模仿着妈妈或爸爸的动作，也竖起食指表示“1”后，再把食物给宝宝，使宝宝知道“1”的含义。

发展宝宝的初等分类行为

分类是数学智能发展的重要组成部分。学会分类，能把相同、相似或有一定关系的物体放在一起，进行归类和配对，这是锻炼和提高宝宝智能的重要手段和途径。

平时，宝宝玩完玩具之后，爸爸妈妈可以有意识地让小宝宝把自己的玩具放回原处。通过这样的活动，一方面可以培养宝宝良好的行为习惯，同时，也锻炼宝宝将物品分类放在一起。

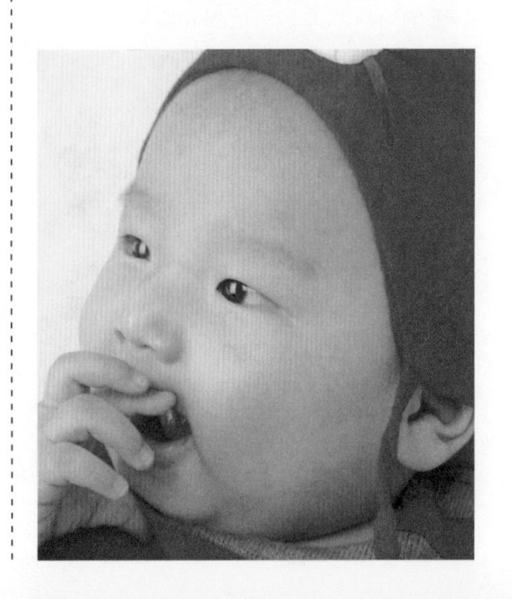

帮助宝宝分清多和少

很多妈妈都喜欢问，为什么宝宝明明已经学会数数了，并且可以从1数到10了，但为什么就不能分清一些很简单的数量呢？例如，让宝宝数一下小狗有几条腿的时候，为什么就数不出来呢？而且好像怎么教也跟不上似的。

据专家认为，虽然，宝宝1岁多就可以背出10个数字，但不代表宝宝理解了数字背后的含义。

爸爸妈妈训练宝宝，应该先由口头教数数开始，然后教宝宝看着实物数，接下宝宝就学会了推算出总数，最后，才是根据抽象的语言数字拿取相等的实物。

由此看来，爸爸妈妈如果要训练宝宝数数，应该让宝宝多数有实际意义的数字，这比抽象地训练宝宝效果更好。

唱儿歌，学数数

和现在很多爸爸妈妈利用儿歌来教宝宝英语的道理一样，宝宝多听后，就会耳熟能详，自然而然看到很多和儿歌相关的事物，或者听到熟悉的旋律，就会想起然后数数。

例如现在流行的歌曲《两只老虎》：“两只老虎，两只老虎，跑得快，跑得快，身后一路尘埃，前方一片空白，真奇怪，真奇怪；两只老虎，两只老虎，跑得快，跑得快，逃离茫茫人海，冲向遥远未来……”

简单的一首歌，轻松、活泼，能在边唱边学间，就可以让宝宝把抽象的“2”的概念和两只老虎的实际形象联系起来，自然而然加深数字概念。

在生活细节中学习

穿衣服、穿裤子、穿鞋子……这些毫不起眼的生活细节天天都在重复，但爸爸妈妈是否可以想到，其实这也是一个锻炼宝宝的好机会呢？

例如在给宝宝穿衣服的时候，妈妈可以问一下“有多少个袖子？”、“有多少条鞋带？”等等，一系列简单的问题，结合日常生活，就等于每天都训练了宝宝一次，这样，宝宝更容易掌握数字的概念。

这样简单而且娱乐性又强的活动，宝宝是最喜欢的，也是让宝宝学会理解数字的一个好方法。

[Mother & Baby]

0～1岁宝宝数学智能开发小游戏

数学儿歌朗诵（1～2个月）

益智目标

帮助宝宝对数字的理解。

亲子互动

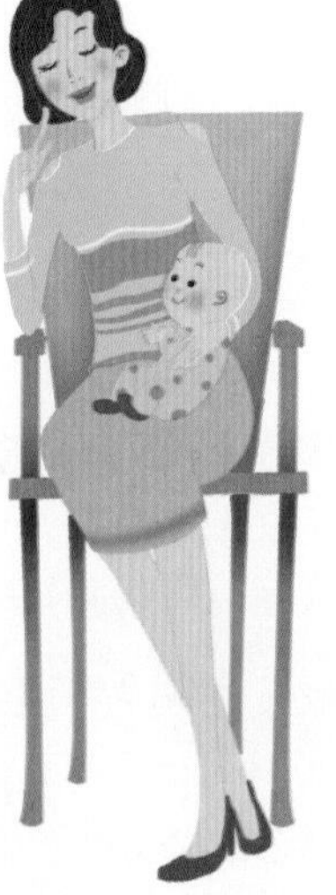

在宝宝睡醒或吃饱后，妈妈可以把宝宝抱在自己的腿上，用手支撑起宝宝的头部，让宝宝看着妈妈的脸，然后给宝宝唱儿歌："1"像铅笔能写字；"2"像小鸭能浮水；"3"像耳朵能听话；"4"像红旗飘啊飘……妈妈也可以一边给宝宝唱数字儿歌，一边逗引宝宝发笑，让宝宝在妈妈的声音、逗乐中接受数字的熏陶。

专家在线

1～2个月的宝宝对数字的概念还很模糊，数学智能发展还处于萌芽阶段，不能理解抽象的数学概念。如果妈妈能经常这样与宝宝玩数字游戏，便能逐渐促进宝宝的数学智能发展。父母应寓教于乐，只要是能用具体事物表达出来的数学概念，都能借游戏让宝宝认识。

大球小球（3～4个月）

益智目标

帮助宝宝认识大小的概念。

亲子互动

妈妈准备两个球，一个大的，一个小的，放在桌子上。

抱着宝宝坐在桌子旁，让宝宝看球，妈妈指着大球告诉宝宝："宝宝看，这是大球。"然后再指着小球告诉宝宝："这是小球。"

然后妈妈把大球和小球分别拿起来让宝宝抱抱，让宝宝感觉一下大球与小球在触觉上的不同。

专家在线

数字来源于生活，利用日常生活中的各种事物，或者宝宝的玩具等，丰富宝宝的数学经验，充分调动宝宝的各种感官来体会数字概念。3个月的宝宝，已经能够分辨简单的形状了，比如大小。所以大人要尽量创造条件，通过游戏让宝宝感受到数学的快乐和体验数学信息，帮助宝宝提高数学智能。

飞舞的小球（5～6个月）

益智目标

让宝宝在游戏中体验数字的概念。

亲子互动

妈妈在高处用皮筋拴住两个小球，然后抱着宝宝站在小球的下方。

妈妈先用手去推打其中的一个小球，并引导宝宝来依次推打。宝宝在推打其中的一个球时，妈妈可以对宝宝说：“宝宝打到了第一个小球。”当宝宝推打另一个小球时，妈妈再对宝宝说：“宝宝打到了第二个小球。”可以重复游戏多次。

专家在线

要发展宝宝的数学智能，父母首先应重视发展宝宝的感官，让宝宝学会用感官去了解和体验数学。游戏中，妈妈和宝宝边推打小球边说数字，就会逐渐将数字的信息传递到宝宝的大脑中，并会逐渐自己用动作配合。

感觉轻重（7～8个月）

益智目标

训练宝宝感知物体的轻重。

亲子互动

妈妈拿出15个算盘珠，5个穿一串，10个穿一串。

把穿好的10个算盘珠放在宝宝手里，让宝宝提一提，然后告诉宝宝：“这是重的。”

然后再把穿好的5个算盘珠放在宝宝手里，再让宝宝提一提，告诉宝宝：“这是轻的。”

专家在线

虽然宝宝现在还不能理解轻重的概念，但他们能通过触觉感知，感觉到物体的轻重。如果妈妈能给宝宝很好的语言引导，宝宝就会逐渐有轻重的概念，并能通过不同的游戏积累物体不同轻重的感性经验。

比多少（9～10个月）

益智目标

训练宝宝感知“多少”的笼统概念。

亲子互动

在宝宝伸手可以触及的地方放两堆数量明显不同、形状也不同的糖块。妈妈引导宝宝认识多和少，指着少的说：“这堆少，宝宝快来捡捡。”帮宝宝把少的糖块捡到小碗里。捡完了之后，妈妈再指着多的说：“这堆多，宝宝再来捡捡。”帮宝宝把多的糖块捡到另一个同样大小的小碗里。

专家在线

这时宝宝多以无意注意为主，多以学习模仿为主。随着宝宝的生理、心理发展，对事物的多少也逐渐有所察觉。

玩具排排队（11～12个月）

益智目标

训练宝宝对事物的排序能力。

亲子互动

给宝宝找来三个玩具，在娃娃的前边放上小鸭子，在娃娃的后面放上小猴子。妈妈问宝宝：“谁在娃娃前面？”，“谁在娃娃后面？”让宝宝指认。接着妈妈再问宝宝：“谁排第一？”鼓励宝宝移动玩具，再接着提问。

专家在线

宝宝一开始可能对排序并不敏感，但通过这个游戏可以培养宝宝对数目顺序的认识，逐渐熟悉排序这一概念。

自然智能

自然智能是指“在环境中，对多种植物和动物的一种认识和分类的能力”。不像其他的智能，自然智能更关注在大自然、户外这样特定环境中的各种生命形式。每个宝宝身上都具备自然智能，或高或低，因此他们会有着与科学家一样的好奇心和探究欲。自然智能让他们生机勃勃、精力充沛，不知疲倦地探索周围的世界。父母们通常都会注意孩子的英语是不是学得够好，算数是不是准确，绘画是不是有创造力……很少有人去鼓励孩子去捉鸟捕鱼。其实，在加德纳博士所提出的8大智能教育理论中，有一项最重要的智能被父母们忽略了，那就是自然智能。

观察力的培养

观察是宝宝认识自然的基础，也是宝宝发展自然智能必须具备的能力之一。观察能力的培养需由浅入深、由简单到复杂，宝宝是通过多种感官来探索大千世界的，要引导他们对自然界的事物产生兴趣，并产生观察的欲望和需求。

实际上，和成人相比，宝宝的观察能力要敏锐得多。他们的眼睛能发现周围世界里许多有趣的事，比如会发现小草在春天的时候发芽，会发现小狗在找东西的时候用鼻子嗅等等。

有些观察能力强的宝宝，会更注意到细节，捕捉到别人无法注意的内容，这些都是他们对自然的初步体验。而要培养和提高宝宝对自然事物的观察能力，父母就需要帮助宝宝认识更多的自然事物，并通过一些有趣的游戏，帮助宝宝提升观察能力，发展自然智能。

收集分类的训练

收集的过程中引导孩子学会辨认、比较和分类，不仅利于孩子积累更丰富的自然常识，而且有助于其思维能力的发展，理解和包容孩子的收集爱好，即使把家里搞得很脏很乱，也要为他提供展示的空间。引导孩子把收集到的物品按一定顺序排列摆放，鼓励孩子把他的收藏介绍给父母和小朋友，这样，不仅可以巩固孩子对自然事物的认识，也可以培养他语言表达的能力。

尝试与锻炼

宝宝大多的知识经验并不是成人直接告诉和灌输给他的，而是宝宝通过活动和探索自己获得的。宝宝发现了问题，父母应当鼓励他充分地想象和猜测。或许宝宝的猜想在成人看来是幼稚可笑的，但成人不要急于嘲笑和否定，否则孩子想象力的萌芽就会被扼杀。父母还应该鼓励宝宝在允许的范围内进行尝试和锻炼。当然这需要父母的配合、帮助和指导。

熏陶与研究

宝宝对物质世界的认识，还必须以具体的事物和材料为中介桥梁，在很大程度上借助于对物体的直接操作。所以父母不妨鼓励宝宝多动手、多操作，在操作中探究。伸手摸得到的自然才是真正的自然，必须走进大自然。对大自然纯净地聆听与欣赏本身就是一种美。带宝宝踏青、郊游，去公园、动物园、植物园，或者到野外，听听风声、雨声或是虫鸣，看看蓝天和白云，感受树叶飘落、花开花谢，这些都不知不觉地熏陶和涤荡着宝宝的心灵，将进一步了解自然界事物发展的历史和现状甚至未来，积累丰富的自然常识。

正确评估孩子的自然智能

具有自然智能特质的孩子，在生活中会呈现出敏锐的观察力与强烈的好奇心，

对事物有特别的分类、辨别、记忆的方式。当然不是每个孩子对自然界都充满高度兴趣与认知力，有的只停留在基本的喜欢上，并不会刻意做研究。

不过培养孩子认识自然、接触自然是需要的，因为人类本是自然界的一环，让他们了解自然界生生不息的力量，才会懂得重视生命、珍惜生命。

培养孩子的自然智能，一定要接触自然。很多父母常常苦恼孩子唯一的嗜好就是看电视，即使吃饭也是边吃边看，专家建议，应该用一个取代电视的活动来调整，例如：看书、踏青、到户外走走等。

0～1岁宝宝自然智能开发小游戏

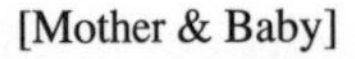

白天与黑夜（1～2个月）

益智目标

训练宝宝的昼夜概念。

亲子互动

宝宝白天也会睡觉，到了该给宝宝喂奶时，先用温水浸洗过的毛巾给宝宝擦擦脸，让宝宝清醒过来，然后再给他喂奶。喂完奶后，抱着宝宝在房间内到处转转，并尽量多和宝宝讲话，让宝宝多活动，让宝宝养成白天少睡觉的习惯。晚上宝宝如果醒来需要喂奶或换尿布，尽量不要开灯，大人也不要与宝宝讲话，让宝宝很快进入睡眠，以适应暗的环境，感受到黑夜的存在。

专家在线

让宝宝夜间多睡觉，白天多活动，可以让宝宝逐渐培养起昼夜的概念。一般来说，1个月的宝宝睡眠周期较短，而且不分昼夜。到了第二个月，宝宝开始逐渐有了昼夜的概念，夜间睡眠时间较长，使宝宝逐渐熟悉白天与黑夜。

到树林里散步（3～4个月）

益智目标

帮助宝宝认识丰富的自然界。

亲子互动

选择晴朗温暖的天气，带着宝宝到附近的树林里逛逛，自然的声音和香气能使宝宝的情绪更安定。抱着宝宝在树林里静静地站着，让宝宝仔细聆听鸟鸣声，不仅能提高宝宝的好奇心，还能锻炼宝宝对声音的敏感度。

专家在线

父母要多引导宝宝观察大自然，感受大自然，这是一种帮助宝宝喜爱大自然的好方法。上述活动适合于每一个孩子，尤其是对那些在混凝土城市中长大的孩子来说，尤其重要。不过，宝宝的皮肤比较娇嫩，容易晒伤，在夏季出行时，应做好防晒工作。

探索的宝宝（5～6个月）

益智目标

发展宝宝的触觉，帮助宝宝学会用不同的动作来认识周围的事物。

亲子互动

妈妈找来家里现有形状、软硬、长短不同的物体，如圆杯子、橡皮、方盒子等，放在宝宝面前。引导宝宝依次来玩这些东西，玩腻一个后，再换另一个给他。观察宝宝是否会因为东西的不同而出现不同的动作。

专家在线

5个月的宝宝能通过接触不同的事物而逐渐产生探索意识。这个游戏能帮助宝宝用触觉来区分各种东西，并帮助宝宝通过学习不同的动作来了解不同的事物，借此提高分析事物的能力。但要注意给宝宝的物品不能有锋利的地方，以免伤害到宝宝。

指认小猫和小狗（7～8个月）

益智目标

帮助宝宝认识一些小动物，丰富自然知识。

亲子互动

为宝宝准备一些小动物的图片，然后找出小猫和小狗的图片教宝宝认。抱着宝宝到图片旁边问他："小猫咪在哪里？"让宝宝用眼睛找，用手指，并模仿"喵喵"的叫声。然后再让宝宝找到小狗在哪里，并模仿小狗"汪汪"的叫声，也可以让宝宝认其他的小动物。

专家在线

让孩子接触动物、观察动物，这对培养孩子的自然智能很关键。此时的宝宝非常喜欢动物，如果家中有动物玩具，宝宝也会逐渐认识，并能接受各种动物的图像。通过游戏，宝宝会加深对各种动物的认识，逐渐了解到更多的自然知识。

记住味道（9～10个月）

益智目标

提高宝宝辨别不同气味的能力。

亲子互动

收集一些香水瓶、香味蜡烛、松果、咖喱粉、柠檬汁等具有芳香或刺激气味的物品。让宝宝去闻这些不同的气味。宝宝会根据不同的气味作出不同的反应，并会对喜欢的味道表现得非常兴奋。

专家在线

到了第9个月，宝宝已经能对不同的气味表现出不同的情绪。让宝宝闻不同的味道，宝宝会逐渐记住它们，并倾向于自己所喜欢的味道，这可以培养宝宝嗅觉的敏感性。

脱鞋脱袜（11～12个月）

益智目标

帮助宝宝学会自己脱衣服，培养其生活自理能力。

亲子互动

晚上睡觉前，鼓励宝宝自己脱鞋和脱袜子。如果宝宝的鞋有粘扣，开始时妈妈要帮助宝宝拉开粘扣，并引导宝宝观察。下次妈妈可要求宝宝自己拉开粘扣，脱掉鞋子。开始宝宝自己不会脱袜子，妈妈可以握着宝宝的小手，和宝宝一起把袜子脱下来。几次后，妈妈就可鼓励宝宝自己脱。当宝宝能自己脱下鞋袜时，妈妈要及时给予宝宝鼓励，让宝宝更有信心。

专家在线

在宝宝1岁前，应学会自己脱衣服，然后再学会自己穿衣服。在教宝宝脱衣服时，可以教宝宝先摘帽子，再脱鞋袜、衣服。但是，带有扣子或拉链的衣服，父母应事先帮宝宝拉开，因为宝宝这时还不能自己解扣子和拉拉链，不过对于鞋上的粘扣，宝宝一般能自己打开。父母应鼓励宝宝自己的事自己动手，为宝宝以后的自理能力打下基础。

Chapter 06 听觉记忆智能

听觉记忆智能的训练是感知客观世界，是提高宝宝其他智能的基础，是宝宝早期教育中至关重要的。虽然是较低级的认知活动，但有效地开发宝宝的记忆力和感知能力；通过辨别模仿声音，可以开发宝宝的语言能力、想象力、注意力以及模仿能力。也就是说，听觉记忆智能发展得越充分，记忆储存的知识经验就越丰富，思维和想象发展的空间和潜力也就越大。

宝宝听力的发育规律

出生后

已有听力，但较弱，对于高达50~60分贝的声音刺激才有反应。

3个月内

对于突然发出的大声刺激，如大声喊叫或击掌声，可出现眨眼反射及手足伸屈运动，有的还可能出现哭叫反应。

3~4个月以后

能听清稍响的声音或妈妈的呼叫声，并用眼睛寻找声音传来的方向。

7~8个月以后

对他爱听的声音可有喜悦的表现，有的还会发出声音模仿。

9~10个月以后

大多能伴随音乐节拍摆动自己的身体，甚至手舞足蹈。

1岁左右

能模仿学语，如看见汽车会叫“滴滴”。

促进听觉发育有妙招

研究发现，良好的听觉发育离不开声响环境。一般说来，宝宝喜欢母亲的心跳声（因在妈妈肚子里就已经熟悉这种声音）、咕噜咕噜的节奏声（因胎儿就是在羊水咕噜咕噜声中发育长大的）、沉静舒缓的声音以及婴儿自身发出的声音。因此，妈妈不妨多利用这些声音来刺激宝宝的听觉，提高其听力。具体做法有：

母亲多抱宝宝，最好采用左手抱的姿势，让宝宝尽量靠近自己的心脏，便于听到心跳声。

在婴儿面前放半盆清水，爸爸妈妈用一支玻璃管向水里吹气，人工创造出咕噜咕噜的声音。

爸爸妈妈多向宝宝轻声说话、哼唱，或者放一些节奏舒缓、旋律优美的音乐。不过，时间要适度，不宜过长。

将婴儿自己发出的声音，如咿呀声音、忽高忽低或重复的学语声、呼叫爸爸妈妈的声音等录下来，播放给他听。

给宝宝提供适当的听觉刺激

听觉的发育十分重要，它直接影响语言的发展。新生宝宝不仅具有听力，还具有声音的定向能力，能够分辨出发出声音的地方。当爸爸妈妈和宝宝说话时，他会高兴地看爸爸妈妈，眼睛和头不时的跟着动，脸上显出非常愉快的表情。爸爸妈妈应给宝宝多提供适当的听力刺激，以促进宝宝听觉和发音器官的发育和健全。

用音响玩具刺激听觉

爸爸妈妈可以用音响玩具对宝宝进行听觉能力训练，这样的玩具品种很多，如各种音乐盒、摇铃、拨浪鼓、各种形状的吹塑捏响玩具，以及能拉响的手风琴等。在宝宝醒着的时候，爸爸妈妈可在宝宝耳边轻轻摇动玩具，发出响声，引导宝宝转头寻找声源。进行听觉训练时，需注意声音要柔和、动听，不要持续很长，否则宝宝会失去兴趣。

让宝宝学着欣赏音乐

在宝宝学会说话之前，优美健康的音乐能不失时机的为宝宝右脑的发育增加特殊的“营养”。最好选择优美、轻柔、明快的音乐，比如中外古典音乐、现代轻音乐和描写儿童生活的音乐，都是训练宝宝听觉能力的好教材。最好每天固定一个时间，播放一首乐曲，一次5～10分钟为宜。播放时先将音量调到最小，然后逐渐增大音量，直到比正常说话的音量稍大一点儿即可。

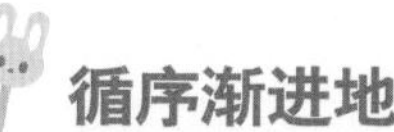

循序渐进地锻炼宝宝的听力

妈妈或爸爸可以先拿一些可以发出响声的玩具，弄出响声让宝宝注意倾听。等宝宝有了反应之后，妈妈或爸爸从宝宝身边走到另一个房间或躲在宝宝卧室的窗帘后面，叫着宝宝的名字让宝宝寻找。如果宝宝找不到，妈妈或爸爸可以露出头来吸引宝宝，直到宝宝注意为止。进行这种听觉感知训练，声音要由弱到强，距离要由近到远，循序渐进地锻炼宝宝的听觉感知能力。

让宝宝辨别不同的声音

爸爸妈妈要准备好各种能发出声音的玩具，如摇铃、拨浪鼓、绒毛狗、汽车等。对宝宝进行声音辨别训练的时候，爸爸妈妈一定要告诉宝宝这是什么声音，这种声音的特点是什么，并且要模仿一下这种声音。虽然这时宝宝听不懂爸爸妈妈的话，但这种语言的交流是亲子关系中不可缺少的。

[Mother & Baby]

0～1岁宝宝听觉记忆智能开发小游戏

听音乐（1～2个月）

益智目标

训练宝宝对声音的反应能力及注意力，促进宝宝听力的发育。

亲子互动

每天定时为宝宝播放优美、舒缓的音乐，每段乐曲每天可反复播放几次，每次10分钟。

专家在线

宝宝的听觉系统在胎儿六七个月时已基本成熟，所以妈妈可以多放些胎教时的音乐，或自己哼唱一些喜爱的歌曲。唱歌时尽量使声音往上腭部集中，把字咬清楚。哼歌时，声音不宜太大，以小声说话为标准。

时钟滴答滴（3～4个月）

益智目标

训练宝宝的听觉灵敏性。

亲子互动

给宝宝一个能发出美妙声音的闹钟，一定要能准时响起的闹钟。让宝宝拿着闹钟玩一会儿，宝宝能清楚地听到闹钟的“滴答”声。当闹钟整点响起时，宝宝会感到相当有趣。

专家在线

这个阶段的宝宝在听觉方面有了很大发展，对各种声音都表现出很大的兴趣，能表现出集中注意听的样子，听到声音后也能很快将头转向声源。这正是训练宝宝听觉记忆能力的好时候，所以父母要多利用各种声音逗引宝宝。

扔球游戏（5～6个月）

益智目标

锻炼宝宝听觉的灵敏度，促进其听觉智能的发。

亲子互动

妈妈找来一个无盖的盒子，再找来一些彩色糖球。将盒子放远一些，然后妈妈拿起一粒糖球朝盒子里扔去。当糖球扔到盒子里时，妈妈要说：“哗啦，球进盒子啦。”

引导宝宝也来扔球，如果宝宝也将糖球扔进了盒子，妈妈也要说：“哗啦，宝宝的球也进盒子啦。”

专家在线

游戏能发展宝宝的视觉、听觉和手部活动的协调性，通过良好的外界声音刺激，促进宝宝智力的早期开发，使宝宝的身心得到健康发展。妈妈不要将糖球独自留给宝宝把玩，以免宝宝误食、噎住，引发危险。

听音乐敲打节拍（7~8个月）

益智目标

训练宝宝的听觉，同时提升音乐智能。

亲子互动

给宝宝放音乐，并让宝宝自己拿着小棍子、盒子之类的硬东西。

当宝宝听音乐时，妈妈要鼓励他用手中的东西随着节拍敲打，试图同音乐一起伴奏。

宝宝敲打的节拍可能不准确，妈妈可以在旁边拍手指挥，让宝宝敲打得渐渐合拍。

专家在线

七八个月的婴儿很喜欢摇晃和敲击玩具，使之发出声音。各种玩具发出的声音明显不同，宝宝很乐意探究其中的差别，由此逐渐提高对各种声音的分辨能力。做游戏时要确保所有的盖子都拧得很紧，以免宝宝吞下容器内的东西。

玩具的叫声（9~10个月）

益智目标

根据声音来辨别和确认正在发声的玩具。

亲子互动

给宝宝拿来几种可以发出不同声音的动物玩具。

让宝宝自己将动物玩具弄出声音，并听它们发出的不同声音。

然后把它们放到一起，妈妈让其中一个玩具发出声音，让宝宝来确认是哪个玩具发出的声音。

专家在线

声音的记忆也会促进宝宝的认知能力和语言的发展。当宝宝可以辨别出不同的声音时，就会通过声音记下不同的形象。

敲瓶子（11~12个月）

益智目标

练习辨别不同的声音。

亲子互动

给宝宝找三个可以敲出不同声响的瓶子，或是在三个相同的瓶里装上不同量的水。

妈妈示范着给宝宝敲出很有节奏感的不同声音。

让宝宝自己去敲打，并指导宝宝听不同的音调。

专家在线

宝宝都很喜欢敲击，特别是喜欢敲出声音来。如果宝宝在敲打时发现被敲击物所发出的声音不同，他会非常好奇，并会努力记住敲哪个声音高，哪个声音低，并能听吩咐去敲打。

这个时期的宝宝模仿能力很强，可能会在做完这个游戏之后，用小手去敲身边任何能触及的物品，这个时候父母就要注意了，不要让宝宝接触电视、冰箱等带电的家具，告诉宝宝接触这些家电是危险的，顺便加强宝宝的危险意识和自我保护意识。

Chapter 07 形象思维智能

形象思维是指以具体的形象或图像为思维内容的思维形态，是人的一种本能思维，人一出生就会无师自通地以形象思维方式考虑问题。

形象思维的重要性

形象思维是反映和认识世界的重要思维形式，是培养人、教育人的有力工具，在科学研究中，科学家除了使用抽象思维以外，也经常使用形象思维。

在企业经营中，高度发达的形象思维，是企业家在激烈而又复杂的市场竞争中取胜不可缺少的重要条件。

高层管理者离开了形象信息，离开了形象思维，他所得到信息就可能只是间接的、过时的甚至不确切的，因此也就难以做出正确的决策。

因此，我们可以说，形象思维是想象力、创造力的原动力。

正确开发宝宝的形象思维能力

首先是右脑的认识力，又称类型识别能力。新生儿即能认识母亲的脸，而他的记忆大部分是以映象作为概念被识别出来的。这种概念就是在瞬间能捕捉到的东西，也称为类型识别能力。在半睡眠时给他讲故事，就是运用他的映象记忆力。

其次是图形的认识力，即形象认识能力。与新生儿说话时，指着对应的物品，则他的右脑就会反映出这个物品的形象来。日常生活中养成用图形记事的习惯，就能刺激右脑，使其逐步活化。

再次是空间识别能力。从小让宝宝拍吊球，开始拍不到，练习了几个月后就能够抓住球了。还可以让宝宝在自己家里黑暗中来回走，直到能行走自如，提高空间识别能力。

最后是绘画感觉能力。有人说，中国的自然风景是右脑型的，要活化右脑首先应该经常带宝宝欣赏美的工艺品、建筑、塑像、邮票以及自然风景等。培养宝宝画画的兴趣，对右脑的刺激更为明显。

对宝宝进行综合感官训练

对于宝宝来讲，让宝宝把视、听、触、嗅、味、运动等感觉联系起来，利用身边的玩具或其他东西，给他看、给他听，让他触摸、让他摇动，进行全方位的综合感官训练，从而锻炼宝宝感知事物的能力，使形象思维智能得到发展。

视线转移法

妈妈或爸爸用声音或动作吸引宝宝的视线，并让视线随之转移。或让宝宝的视线从妈妈转移到爸爸，或者在宝宝注视某个玩具时，迅速把玩具移开，使宝宝的视线随之移动，也可以用滚动的球从桌子一侧滚到另一侧让宝宝观看。此外，还可以在窗前或利用户外锻炼的时机，让宝宝观察户外来往的行人或汽车等移动物体。

声响感知法

声响感知法可以通过视觉、听觉与手部触觉之间的协调促进宝宝感知事物能力的发展。训练时，妈妈或爸爸可用松紧带的一头，把色彩鲜艳的玩具吊在床栏上，把另一头拴在宝宝的任意一个手腕或脚踝上，然后妈妈或爸爸触动松紧带使玩具发出响声。开始时，宝宝会手脚一起动或使出全身的力气摇动松紧带使玩具发出响声，经过若干次训练之后，宝宝就能知道该动哪一只手或哪一只脚，才能使玩具发出响声。

对宝宝进行辨别声音的训练

通过让宝宝辨别不同的声音，能对宝宝进行简单的形象思维的初级训练。爸爸妈妈可以选择家里有声音的物品，如电话、闹钟、门铃、机动车等，分别对宝宝进行辨别声音的训练。

引导宝宝的模仿行为

模仿是一种观察别人并付诸实践的行为，模仿能够促进宝宝的形象思维智能的发展。妈妈和爸爸在日常生活中，要充分利用一切机会，让宝宝模仿妈妈和爸爸以及其他家人的行为，并要有意引导宝宝能跟着做。

带宝宝欣赏大自然

妈妈和爸爸除了日常护理和与宝宝做各种适合的游戏之外，还应带宝宝到大自然中去，让自然界的各种动植物、自然景观，给宝宝以良好的感官刺激。

训练宝宝认识外界事物

将近1岁的宝宝对事物的形象感知能力逐步增强，这时妈妈和爸爸可以运用玩具或图片训练宝宝认识外界事物。

通过形象玩具，可使宝宝既看到形象，又听到模仿的声音，不仅能全面地认识周围事物，而且还增进了与妈妈和爸爸之间的语言交流能力，这些都有利于宝宝智力的开发。运用形象玩具训练宝宝认识外界事物的时候，一是要注意选用容易清洗、对宝宝身体无害的软硬塑料、橡胶或布等材料制作的玩具；二是要定期清洗这些玩具，最好定期消毒，保持玩具的清洁，以免宝宝被病菌感染。

在运用图片画册训练宝宝认识事物能力时，妈妈和爸爸要选择那些形象逼真、描述准确、色彩鲜艳、图画单一、画面清晰的识图卡片或画册教宝宝指认。也可以在宝宝房间的墙上悬挂一些图片，让宝宝随时指认。妈妈或爸爸教宝宝指认时，要注意告诉宝宝图像的准确名称，千万不要说别名。图像要在宝宝熟悉后再更换，从而使宝宝加深印象和记忆。

注重培养宝宝的艺术素质

在宝宝模仿能力最强的时期，可以培养宝宝对绘画的兴趣和能力。开始学习绘画，最好先给宝宝使用蜡笔。要从教宝宝如何拿笔入手，虽然一开始并不要求宝宝掌握很准确的握笔姿势，但这样的正规训练有助于今后的继续学习，重要的是激发宝宝的兴趣和发挥宝宝的“天赋”。

同时训练宝宝对音乐的感觉，妈妈或爸爸先放一首宝宝喜欢的音乐，再扶宝宝站稳，慢慢地松开手，让宝宝随着音乐左右摆动。

宝宝摆动身体时，妈妈或爸爸可以在一旁随着音乐的节拍拍手，营造一种欢乐的气氛。如果宝宝还不知道左右摇摆身体，可以先让宝宝坐在床上，妈妈或爸爸抓着宝宝的胳膊随音乐节拍左右摆动。在宝宝的学习过程中，妈妈或爸爸一定要多鼓励宝宝，多表扬宝宝，让宝宝感到心情愉快，以免宝宝会对这种训练产生反感。

专家导航

让宝宝体验成功与快乐

在宝宝为家人表演某个动作或游戏做得好时，如果听到妈妈和爸爸的喝彩称赞，宝宝就会表现出兴奋的样子，并会重复原来的语言和动作，这就是宝宝初次体验成功和欢乐的一种外在表现。所以，当宝宝取得每一个小小的成就时，妈妈和爸爸都要随时给予鼓励，以求不断地激活宝宝的探索兴趣和动机，维持最优的大脑活动状态和智力发展。

教宝宝认识颜色

教宝宝认识颜色可以随时进行。比如说“宝宝看，那气球是红色的，和你的衣服一样”或者“那辆汽车是绿色的，和宝宝的婴儿车是一个颜色”。但是这种概念性的叙述未必能达到理想效果，以下方法可供参考：

第一步 取一件宝宝喜爱的有色玩具，如红色积木，反复告诉宝宝：“这块积木是红色的。”然后问宝宝：“红色的呢？”如果宝宝能很快地从几种不同的玩具中指出这块红色积木，就要及时称赞宝宝。

第二步 再拿出另一个红色的玩具，如红色瓶盖。告诉宝宝：“这也是红色的。”当宝宝表示疑惑时，再拿一块红布与红积木及瓶盖放在一起，另一边放一块白布和一块黄色积木，告诉宝宝：“这边都是红的，那边都不是红的”（不能说那边是白色的、黄色的），把宝宝的注意力集中到颜色上。

第三步 把上述物品放在一起，要求宝宝：“把红的指给妈妈（爸爸）。”看宝宝能否把红的都挑出来。如果只挑出其中的一种，可以提示宝宝：“还有红的呢？”并给一定暗示（如用手指），让宝宝把红的都找出来。

这种训练方法可以促进宝宝的形象思维能力。但是，在训练时还应注意几点，一是一次只能教一种颜色，教会后要巩固一段时间，再教第二种颜色。二是如果宝宝对用一个“红”字指认几种物品迷惑不解，甚至指不出红色玩具时，就再过几天拿一件宝宝喜欢的玩具重新开始。千万不要对宝宝失去信心。

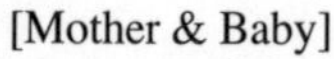

[Mother & Baby]

0～1岁宝宝形象思维智能开发小游戏

摸图画（1～2个月）

益智目标

培养宝宝的形象分辨能力及认知能力。

亲子互动

父母在宝宝室内的墙壁上挂上色彩鲜艳的图画，有人物、动物、水果等，最好选用那种特制的凹凸不平的图画。父母一手托住宝宝的屁股，一手拦腰抱住宝宝，抱着宝宝看图画，并向宝宝介绍："宝宝看看，这是红红的大苹果。""小汽车，嘀嘀嘀，跑过来，跑过去。"边说边握着宝宝的小手，帮助宝宝触摸图画中的内容，宝宝会边看边听。

专家在线

这个游戏训练了宝宝的视觉观察能力和形象思维能力，因为2个月的宝宝会有一些短暂的记忆，会记住自己喜欢的图画，并作出反应；对于自己不喜欢的图画，也会出现不同的表情。

小狗狗动了（3～4个月）

益智目标

丰富宝宝对色彩及图形的感觉。

亲子互动

取一块长30厘米、宽25厘米的纸板，将四周的角用剪刀剪圆。用彩笔在纸板上画上图案，如小狗，或剪一些鲜艳的图案贴在纸板上。再在板的四周各凿一个洞，洞的大小应能穿过松紧带，并系上一个小铃铛。将纸板系在宝宝的小床上、宝宝的脚能触碰到的地方，并稍向床外倾斜，画有图案的一面朝着宝宝，以便宝宝蹬到并看到。在宝宝蹬板过程中，铃铛就会响起，这时妈妈要在一旁拍手鼓励，并愉快地对宝宝说："宝宝看，板上的小狗狗动了，小铃铛也响了"，"宝宝真能干！"

专家在线

宝宝在4个月时，已经具备了简单的形象思维意识，视觉皮层细胞的联系正达高峰期，能够将声音与图像联系起来。这时的宝宝也非常喜欢将所听到的和所看到的物体对应起来，所以这正是训练宝宝图形认知能力及形态认知能力的好时期。

悬吊玩具（5～6个月）

益智目标

训练宝宝的视觉、触觉，增进宝宝的形象思维能力。

亲子互动

将一件色彩鲜艳、较大的玩具悬吊在宝宝的小床上方，距离为宝宝的小手可以抓到，让宝宝双手摆弄玩具玩。两天后，将玩具换到宝宝的小脚可以触碰到的地方，让宝宝用双脚蹬踢玩具玩耍。再过两天，妈妈可将玩具调至中间。此时宝宝就会手脚并用玩玩具，非常有趣。

专家在线

5个月时，宝宝对周围事物产生浓厚的兴趣，眼睛能随活动玩具移动，看见东西就想去抓，手眼动作协调，并能注意到远距离的物体。游戏中，不仅锻炼了身体协调能力、训练观察能力和形态认知能力，还促进了形象思维能力。

各异的积木（7~8个月）

益智目标

训练宝宝的图形认知能力。

亲子互动

妈妈准备形状各异、色泽鲜艳的积木，然后将积木给宝宝。

宝宝看到积木后会用手抓握或对敲。妈妈在旁边指导宝宝，告诉宝宝拿起的积木是什么颜色、什么形状。通过分析手中的积木形状，然后再找积木形状轮上的洞穴的形状，一一对应放进去。

专家在线

用图形代替语言来训练宝宝的形象思维，是个非常好的方法。

对孩子讲解问题时，要多利用图形来讲述，易于理解。宝宝从4个月起，就逐步有了色彩和立体感，通过上面的游戏，能促进宝宝对各种形状和颜色的认知能力。

印脚印（9~10个月）

益智目标

促进宝宝的图形认知能力。

亲子互动

在宝宝洗澡的时候，妈妈给宝宝准备干净的纸。让宝宝沾湿的小手或小脚在纸上按印。妈妈还可以帮助宝宝做出不同的手形，在纸上按下不同的图案。或者找一些菜叶、树叶、水果等，让宝宝分别看看它们印在纸上会是什么效果。

专家在线

当宝宝看到自己在纸上留下的图案时，就会产生自豪感，以后宝宝会经常把自己弄湿，故意留下印迹。或者自己找东西往纸上印。这种训练有助于培养宝宝的图案欣赏能力。

看图认数字（11~12个月）

益智目标

根据图形联想数字1、2、3。

亲子互动

让宝宝仔细看图，并认真地想，看这些物体像哪个数字。

专家在线

宝宝将近一周岁的时候，已经对图有了一定的认识能力，应该对1~3这三个数字有了认识能力。建议妈妈多和宝宝做此类的游戏。这个游戏重在帮助宝宝进一步加深对物体形象的理解，发展宝宝的联想能力和表达能力。

Chapter 08 空间智能

空间智能是指准确地感觉视觉空间，并把所知觉到的表现出来的能力。这项智能包括对色彩、线条、形状、形式、空间及它们之间关系的敏感性，也包括将视觉和空间的想法具体的在脑中呈现出来，以及在一个空间的矩阵中很快找出方向的能力。

给宝宝插上想象的翅膀

空间智能就是指人善于利用三维空间方式进行思维和表现的能力。这项智能是倾向于形象思维方式的智能，具有准确的感觉视觉空间，并且能把所感知形象地表现出来，具有强势空间智能的儿童对诸如色彩、条形、形状、形式、空间关系很敏感。他们能敏锐地捕捉到视觉上的细微差别和变化，而且还具有很强的空间方位的辨别能力。

发展这种智能有利于培养形象思维能力。它有利于发展观察能力，促进宝宝的视觉敏感性和准确性；有利于发展思维的形象性，培养宝宝的想象力；有利于促进对空间的把握能力培养方向感，发展二维和三维空间的转换能力；有利于培养艺术素质和发现、发展、表现美的能力。

空间智能强是优秀宝宝的特征

喜欢画画、亲自动手、玩积木；对色彩感受非常敏锐；图像思考，能够清楚表达视觉观察及感受；喜欢看电视、电影或其他视觉性艺术表演；观察细致，并且能够加以分析或是具体呈现；对艺术、美的事物有极高感受力和鉴赏力。

宝宝的空间智能训练

从出生起，宝宝便开始用他的眼睛开始了他生命中的空间探索之旅。新生儿除了凭声音认人外，他的眼睛也懂得辨认不同人的体型和衣着颜色。出生3个月后，宝宝分辨各种色彩的能力已经很接近成人了。

6～12个月阶段的幼儿已经具备分辨大小的能力（懂得把小球丢进大箱子）；同时他也慢慢了解高度与深度的概念（知道从高处摔倒会疼）；玩具放在某个地方，他也会知道该回到放下的地方找，具备了物体不变动即具有永久存在性的概念。这个阶段的幼儿也开始懂得分辨颜色、形状、大小及上下的区别，例如，拿出两杯大小不同的果汁，多数幼儿懂得选择较大的一杯；他也听得懂妈妈的指示。

空间智能创造无限艺术可能

在不受约束的情况下，宝宝往往在空间智能表现上会出人意料，因为宝宝眼中的世界是最纯真也最美丽的，他喜欢用各种表现方式去表达他的情绪和感受。因此，他们对情感的流露是最直接的。宝宝的奇思妙想正是宝宝无穷想象力与创造力的表达。爸爸妈妈要给宝宝一个自由的环境，不断地鼓励他，相信您的宝宝会让您时时充满惊喜与感动。

人说艺术家有“第三只眼”，因为他们总能创造出不一样的神奇世界；其实，宝宝才是天生的艺术家，只要他们的天性不受到压抑和约束，他们不经意的展现，就是最美的艺术。

视觉空间智能是人类享受和驾驭高品质生活的一种改造能力，也是充满生命感动、通向艺术世界的一把钥匙。爸爸妈妈尊重宝宝的自由发展，让他的空间智能得到发挥，让宝宝的生活可以更美丽。

强化宝宝的空间认知能力

1岁的宝宝已经有了一定的空间认知能力，但是对事物的认知概念还是含混不清的，在宝宝的头脑中还没有形成牢固的形象和联想。

站与坐的概念

在训练宝宝学坐和站立时，就可以采用对比法强化站与坐的概念。妈妈和爸爸抓着宝宝的手，和宝宝一起站起来，再一起坐下去，同时告诉宝宝什么是站什么是坐。

上与下的概念

在日常生活和游戏中，妈妈和爸爸可以拿一块积木放到桌子上，然后再放到地板上，或者和宝宝一同玩跷跷板，一面告诉宝宝上与下的概念，以便让宝宝体会一上一下的感觉。

大与小的概念

妈妈抱着宝宝站在镜子前面，让宝宝看到镜子里的妈妈和宝宝。然后告诉宝宝：“妈妈大，宝宝小。”

里面与外面的概念

妈妈或爸爸可以给宝宝准备一个较大的玩具箱，让宝宝把玩具装到箱子里去，然后再一件一件拿出来。通过自己的动作和结果的对比，理解里面和外面的概念。

当然，通过以上训练，不少宝宝并不能完全理解这些概念，但起码能够增强这方面的意识，为将来更加清晰地辨识这些概念打下基础。

[Mother & Baby]

0～1岁宝宝空间智能开发小游戏

认方向（1～2个月）

益智目标

帮助宝宝辨别左右、上下等方向，提升空间位置判断能力。

亲子互动

妈妈每只手拿一个小玩具，两个玩具的颜色要具有明显的对比度。将小玩具分别举在宝宝面前，距离宝宝的目光约30厘米，并晃动玩具引起宝宝的注意。举起左手的玩具在宝宝面前晃动时，轻声说："这是左边。"再举起右手的玩具在宝宝面前晃动，并轻声说："这是右边。"在对宝宝说"左右"的时候，要注意与宝宝之间方向的差异。

专家在线

宝宝的空间知觉发展很迅速，特点是从自我出发，所以他们对空间方位的辨别也是以自我为中心的。1个月的宝宝虽然还难以理解左右、上下的概念，但妈妈经常这样陪宝宝练习，就能让宝宝的空间位置判断能力尽早得到训练和发展。

毛毛熊去哪里了（3～4个月）

益智目标

训练宝宝的空间认知能力。

亲子互动

妈妈为宝宝准备一个毛毛熊玩具，先给宝宝看，然后对宝宝说："毛毛熊要跑掉喽！"说完迅速将玩具藏起来。

躲过宝宝的视线，迅速将玩具放到宝宝的左侧，然后朝着宝宝的左侧说："毛毛熊在这里呢！"再将玩具藏到身后，然后再次躲过宝宝的视线，将玩具迅速放到宝宝的右侧，朝着宝宝的右侧说："毛毛熊在这里呢！"。

专家在线

宝宝在3个月左右，已经能自己主动转头了。通过这样的游戏，逗引宝宝转头，提高宝宝的身体运动技能，而且还能增强宝宝的空间认知能力，帮他初步了解左右方向。

高处看世界（5～6个月）

益智目标

激发宝宝的好奇心，提高空间知觉能力。

亲子互动

抱着宝宝到户外散步，引导宝宝看周围的世界，尤其要看高矮不同的东西，如大树、小草等。

将宝宝高高举起，宝宝在高处看到这些事物会更惊奇，并且能逐渐产生高低的概念。

如果宝宝还闹着要做，爸爸可以多举宝宝几次，直到宝宝满意为止。

专家在线

宝宝看东西时，都是从低处看，所以从比成人还高的位置看周围的世界，会更让宝宝感到新奇，这将有利于激起宝宝的好奇心和探索精神，扩大宝宝的眼界。更重要的是，这样的游戏能让宝宝逐渐产生高、低等空间概念，提高宝宝的空间思维能力。

小车过山河（7～8个月）

益智目标

训练宝宝的空间知觉及对物体恒存概念的理解。

亲子互动

妈妈准备书面纸和小玩具车。

将大张书面纸卷成纸筒，在宝宝面前将玩具车由纸筒一端推入，这时宝宝会想找出被藏起来的小车。妈妈再慢慢将纸筒倾斜，让小车滑下来，让宝宝看到。开始可先由妈妈做示范，待宝宝熟悉游戏后，可改让宝宝自己操作。

专家在线

宝宝在游戏中发现自己的玩具不见了，会作出寻找的反应，这表示他对周围的事物有反应。上述游戏能锻炼宝宝的空间感知能力，逐渐提升空间智慧。

吹泡泡（9～10个月）

益智目标

训练宝宝的空间观察能力。

亲子互动

妈妈拿出塑料圈，在肥皂水中蘸一下。在阳光下，对着蘸了肥皂水的塑料圈用力吹出很多泡泡。重复几次，给宝宝看五颜六色的泡泡，并观察它们在空中的飘动。将蘸了肥皂水的塑料圈放到宝宝的嘴边，让宝宝吹。

专家在线

这个时期的宝宝好奇心很强，并喜欢模仿别人的动作，让宝宝吹泡泡不仅满足其好奇心，也能让宝宝注意到泡泡在空间中的不断变化。

宝宝的小屋（11～12个月）

益智目标

促进宝宝对立体空间的感知能力，提高宝宝对空间的认识能力。

亲子互动

用冰箱或是洗衣机的外包装盒，给宝宝制作一个小屋，在边上挖上窗户，并在屋里放上漂亮的小灯。父母和宝宝一起装扮小屋，让宝宝随意给小屋涂鸦。宝宝可以进出小屋，并抱着玩具娃娃一起参观，和父母玩过家家的游戏。

专家在线

随着小屋相对空间的缩小，宝宝会更进一步对空间有所认识。在游戏中，宝宝也会认识到大与小的不同。

创造性思维智能

创造性思维智能是具有独特的念头、独特的思想、独特的思考问题的方式，只有人拥有创造性的思维方式，才能打破常规，创造奇迹。创造性思维难能可贵，社会需要发展，发展就要依靠创造力，只有宝宝拥有了创造性思维，才能保证社会的进步。

让宝宝的创造性思维更顺利地发展

在家庭中，爸爸妈妈应该怎样在生活中培养宝宝的创造性思维，并让宝宝的创造性思维更好、更顺利地发展呢？

游戏中的训练

游戏是幼儿的主导活动，在游戏中，宝宝的创造力日益提高，从单纯的模仿发展到创造，他们逐渐利用自己的创造性思维开展新型的游戏情节，创造性地扮演角色，创造性地制作游戏道具等。但是游戏水平的发展并非完全是自发的，在游戏中发展宝宝的创造性思维，是需要爸爸妈妈的启发引导的。

音乐、绘画培养创造性思维

心理学家和教育学家一直认为音乐是促进宝宝身心发展的好方法。因为音乐会促进右脑的发育。另外音乐可以丰富宝宝的精神世界，在优美的音乐中，宝宝情绪兴奋愉快，这个时候，宝宝的创造性思维处于最佳的状态下。绘画也可以促使宝宝右脑的发育，增强宝宝的创造性思维。因此，爸爸妈妈应该鼓励宝宝多接触音乐和绘画，并且给宝宝一个自由的欣赏和实践的空间，随心所欲地画，自由想象地听。通过听说能力训练培养创造性思维。平时爸爸妈妈应该多和宝宝进行对话，多给宝宝讲故事。在与宝宝说话时，要因势利导，抓住机会，就宝宝感兴趣的话题展开对话，这样可以促使宝宝启动思维，即兴表述生动的语言。在讲故事的时候，可以给宝宝一个开放式的结尾，让宝宝发挥自己的创造性思维，结合之前的故事情节，进行合理又有创造性的推断，完成故事。

多动手培养创造性思维

宝宝与生俱来的好奇心促使他们一刻也停不下来，总是摸摸这、动动那，这个时候的爸爸妈妈千万不要因为怕宝宝弄乱了东西，而粗暴地制止，应该对宝宝的好奇心给予鼓励，同时给宝宝正面的解释。鼓励宝宝自己动手搞一些小发明。在手指尖的触摸过程中创造性思维也就得到了最好的发展。

避免错误态度

对宝宝的想法不屑一顾。即使在你看来宝宝的想法很可笑，但那一定有宝宝自己的道理，你或许应该去认真地听听。不要对宝宝的行为漠不关心。宝宝在进行游戏或绘画等活动时，爸爸妈妈不要不闻不问，你应该多关注宝宝，当他有创造性的表现时，给予鼓励和赞美，这样宝宝的创造性就更高了。

用不变的教育方法对待你已经变化的宝宝。随着宝宝年龄的增加，爸爸妈妈的教育方法需要做相应的改变。让你的宝宝时刻能接受你的教育，为宝宝的创造性思维的发展奠定良好的基础。

为宝宝营造充满创新意识的家庭氛围

宝宝出生后，家庭是他们的主要生活环境，接触最多的是爸爸妈妈。爸爸妈妈的言行举止都在影响着宝宝，并且，宝宝的模仿能力很强，他们会模仿爸爸妈妈的做事态度和方法。

因此，为了培养出具有优秀创新能力的宝宝，爸爸妈妈一定要在宝宝面前树立创新的形象，同时，还要给宝宝传达乐于创新的态度。

爸爸妈妈要给宝宝充分的自由，鼓励宝宝尝试有难度的游戏，让宝宝发挥自己的创造性。一旦发现宝宝的天赋，就要积极鼓励和培养，让宝宝的创造性天赋得到发展。

善于激发宝宝的好奇心

好奇心是激发宝宝创新能力的内驱力，是宝宝有所成就的动力，它可以唤起宝宝的内在潜能，使宝宝完全投入到创造性活动中去。

富有创新精神的宝宝，一般都有较强的好奇心，许多发明和创作并不是事先预料到的，往往是在好奇心的推动下，经过创新性思维得出来的。

宝宝只有对客观世界的事物怀有强烈的好奇心，才有可能发现改进和改变的方面，而这正是创新思维的基础。好奇心越强，掌握的现实材料就越多，就越有利于创造出新的成绩。

[Mother & Baby]

0～1岁宝宝创造性思维智能开发小游戏

哪个玩具不见了（1~2个月）

益智目标

培养宝宝的观察和推断能力，促进创造性思维智能。

亲子互动

用绳子在宝宝的摇篮上吊两个颜色鲜艳的小玩具，最好是能发出声音的玩具。在逗引宝宝时，先摇晃玩具发出声音，引起宝宝的注意。也可以拉起宝宝的小手，让宝宝去触摸这些玩具，引起宝宝的兴趣。三四天后，换下其中的一种玩具，并问宝宝："宝宝看看，哪个玩具不见了？"注意观察宝宝的表情。

专家在线

2个月的宝宝，对色彩鲜艳的玩具会产生兴趣，通过让宝宝玩游戏，能锻炼宝宝的视觉，并促使宝宝发现事物表现出来的某种特性。有些宝宝会喜欢玩具鲜艳的颜色，有些则喜欢玩具的轮廓。但不论宝宝喜欢这些玩具的哪种特性，对提高宝宝的创造性思维都有好处。

手帕变变变（3~4个月）

益智目标

训练宝宝的观察及推断能力，培养其创造性思维。

亲子互动

游戏时，妈妈先用一条大手帕蒙住自己的脸，然后问宝宝："咦，妈妈呢？妈妈哪儿去了？"宝宝此时会很奇怪妈妈哪去了，然后妈妈突然扯去手帕露出脸来，并对宝宝惊喜地说："妈妈回来喽！"这会使宝宝十分高兴。游戏可重复进行，让宝宝逐渐熟悉游戏，当妈妈将手帕盖在脸上的时间保持长一些时，宝宝就会自己动手去抓手帕，使妈妈的脸快些露出来。

专家在线

游戏中，宝宝之所以会慢慢去抓妈妈脸上的手帕，是因为宝宝注意到了拿掉手帕后就可以看到妈妈的脸。这样，就锻炼了宝宝的注意力、观察力及判断能力，丰富了宝宝最初的创造性思维智能。

变化的玩具（5~6个月）

益智目标

帮助宝宝认识新事物，发展分析判断能力。

专家在线

妈妈可将宝宝经常玩的玩具安上新的装置，比如在橡皮小狗上系个小铃铛，让橡皮狗既能按出声音，又能摇出声音。宝宝对此会充满新奇感。

专家在线

这个时期的宝宝对新的东西还不太关心，只会将新东西揉得乱七八糟，而且也不知道不同的事物具有不同的特征，只觉得所有的事物都一样。通过这个游戏，可以让宝宝练习冲破旧的认识，探索新方法，帮助宝宝提高探索能力，发展创新思维。

认物与找物（7～8个月）

益智目标

理解语言，认识物品，训练记忆力和解决简单问题的能力。

亲子互动

准备一个大一些的纸箱或塑料桶，内装10个大小不同、形状不一的乒乓球、小圆盒、小娃娃等。把宝宝熟悉的几件玩具放在他面前，先说出玩具的名称，再拿起来给宝宝看或摸，然后放进一个小盒子里。放完后，再边说边把玩具一件件从盒子里拿出来。从中挑出几件，隔一定距离放在宝宝面前，说出其中一件的名称，看他是否看或抓这件玩具。当面把一件玩具藏在枕头底下，并露出小部分，引导他用眼睛寻找或用手取出。

专家在线

多次游戏后宝宝就会明白，看不见的玩具并没有消失而是在别的地方，他会逐渐寻找消失的东西，这有助于宝宝建立客体恒存的概念，而且提升宝宝的好奇心、主动探索和解决问题的潜能。

配配看（9～10个月）

益智目标

培养宝宝的思维创造力及手指的灵活度和专注力。

亲子互动

妈妈找来一个盒子，在盒盖上挖两个大小不同的洞，洞口以让宝宝插入的物品的宽度为准。把盒子和要插入的物品一起交给宝宝，让宝宝根据自己的想象力将物品插入盒子。

专家在线

一般的积木或组合玩具常会用到重叠、插入、盖上或拔出等动作技巧，这些动作可让宝宝充分根据自己的想象去做，并能锻炼宝宝手指的灵活性。这个游戏可以运用日常生活中的一切物品。

宝宝会看书（11～12个月）

益智目标

有意识地培养宝宝的注意力。

专家在线

给宝宝找一本构图简单、色彩鲜明的儿童图册。妈妈与宝宝一起看，每幅图停留七八秒钟时间，并对宝宝做简单的讲解，如“这是一只小花猫，它在喵喵叫”、“这是漂亮的小房子”……看过几幅之后，问宝宝：“小花猫在哪里？给妈妈找一找。”如果宝宝不知所措，妈妈要帮宝宝找到小花猫的图，并对宝宝说：“原来小花猫在这里。”

专家在线

宝宝开始对周围的许多事物感兴趣，宝宝的无意注意有了进一步的发展，通过这个游戏，能培养宝宝对事物的观察、思考能力，从而逐渐提升其创造性思维。

Chapter 10 肢体协调智能

肢体协调智能也称肢体动觉智能，指的是人能巧妙处理物体和调整身体的技能。换句话说，也就是指运用整个身体或身体的一部分解决问题或制造产品的能力。这项智能主要是由中枢神经系统支配身体肌肉活动，比如身体运动过程中表现出来的速度、力量、耐力、柔韧、灵巧、协调、平衡、敏捷等一系列与生俱来的身体素质，也包括由触觉引发的一些能力，如跑、跳、投、爬等。

肢体协调智能的有效开发

肢体协调智能是宝宝诸多智能中的重要部分，在宝宝成长过程中是不可或缺的一环。优势肢体协调智能使宝宝拥有较佳的体能，投入各种活动与学习，他们反应快，灵敏度高，往往可以事半功倍。

肢体协调智能发展的关键期

对于婴幼儿来说，肢体协调智能的发展就是运动能力发展的过程。从出生后至1岁，宝宝学会翻身、独立坐、爬、行走，手眼协调能力逐步提高，可以拿到自己想要的物体；初步认识到大拇指的作用，并与其他四指分工能够掌握“握”这个动作，可以捡起一些细小的物体。在这个阶段宝宝不能站过长，以免造成宝宝驼背、罗圈腿。

在这个关键期，一个优秀的爸爸妈妈需要大胆鼓励宝宝，同时要指导训练宝宝的运动技巧。当然因为宝宝的认知水平有限，思维方法简单，需要注意宝宝的安全，防止意外损伤发生。在这个时期，爸爸妈妈可以和宝宝一起玩运动游戏，这是发展宝宝肢体协调智能的好方法。

肢体协调智能的日常方法

在1岁之前，宝宝的运动能力进步很快，几乎每月都有新变化。爸爸妈妈应根据宝宝运动能力的发展，有针对性地对宝宝进行日常锻炼。

1～2个月宝宝的锻炼

抬头练习：抬头训练练习，即竖抱抬头和俯卧抬头。经过训练，宝宝不但能抬起头部观看前面响着的拨浪鼓，下巴也能短时离床，双肩也能稍稍抬起来。这样可以开阔宝宝的视野，丰富了视觉信息，增强了颈部张力。

转头练习：将宝宝背靠妈妈胸腹部，面向前方，爸爸在妈妈背后时而向左、时而向右伸头呼唤宝宝的名字，和他说话或摇动带响玩具，逗引宝宝左右转头，锻炼颈部肌张力。

四肢练习：在俯卧练习抬头的同时，可用手抵住宝宝的足底，虽然此时他的头和四肢尚不能离开床面，但宝宝会用全身的力量向前方蹿行。这种类似爬行的动作是与生俱来的本能，与8个月时爬行完全不同，但通过这样的练习，促进宝宝大脑感觉运动系统的健康发展，同时，也是开发智力潜能，激发快乐情绪的重要方法。

2～3个月宝宝的锻炼

强化抬头练习：继续训练俯腹抬头、俯卧抬头，方法同第2个月。要使宝宝俯卧时头部能稳住并用力抬高到45～90°角，用前臂和肘能支撑头部和上半身的体重，使胸部抬起，脸正视前方。同时不要忘记用手抵住双足练习爬行，训练宝宝由蹿行变为匍行，增强机体动作协调性。

躯干练习：两次喂奶中间，宝宝处于觉醒状态时，可进行翻身练习。将宝宝放之于硬板床上，取仰卧位，衣服不要穿太多；把宝宝左腿放在右腿上，以自己的左手握宝宝左手，再以自己的右手指轻轻推一推宝宝背部，使宝宝主动向右翻身，翻至侧卧位。争取3个月末让宝宝学会自己翻身。

3～4个月宝宝的锻炼

翻身练习：继续按前面方法训练翻身。也可以在宝宝的一侧放一个玩具，逗引宝宝主动去抓玩具，此时，妈妈可握住宝宝另一侧的手，引导宝宝做出翻身动作，并由仰卧到侧卧再到仰卧。

上肢练习：在原有的基础上继续训练宝宝俯卧抬头。如站在宝宝前头和他讲话，使宝宝用前臂力量支撑全身，将胸部抬起，抬头看你。

拉坐：宝宝仰卧位时，爸爸妈妈握住宝宝的手，将其拉坐起来。注意宝宝自己用力，爸爸妈妈开始用力较大，以后逐渐减力，爸爸妈妈握宝宝手臂时应从近端开始再逐渐移到远端，这是锻炼宝宝腰背部力量的练习，为宝宝学坐打基础。

4～5个月宝宝的锻炼

灵活翻身：爸爸妈妈不再用手帮助宝宝，只用玩具逗引，使宝宝的翻身动作更加灵活自由，能左右翻身，从仰卧转成俯卧。

被动跳跃：爸爸妈妈两手扶着宝宝腋下，让宝宝站在爸爸妈妈的大腿，保持站立的姿势，并稍用力支撑让宝宝双腿跳跃起来。每天反复练习几次，这能促进宝宝平衡感知觉的协调发展。

靠坐练习：把宝宝放在有扶手的沙发上或小椅上，让宝宝靠坐着玩；或者爸爸妈妈给予一定的支撑，让宝宝练习坐。在练习时，支撑力量可逐渐减少，每天最好连续练习数次，每次10分钟。

5～6个月宝宝的锻炼

翻身俯卧：学习仰卧翻至侧卧，然后再翻至俯卧。可将玩具放在宝宝的体侧伸手够不着处，宝宝为抓取玩具先侧翻、伸手，全身再使劲就会变成俯卧，锻炼宝宝全身运动的协调性。

独坐练习：在靠坐的基础上让宝宝练习独坐，爸爸妈妈可先给予一定的支撑，以后逐渐撤去支撑物或先让宝宝靠坐，待坐得较稳后，逐渐离开靠背。宝宝有时到7个月才能逐渐坐稳。

匍匐爬行：用玩具逗引帮助宝宝练习匍匐爬行。由于宝宝5个月时腹部可以着床，但只能在原地打转或后退地蹿行。爸爸妈妈可把手放在宝宝的脚底，帮助宝宝向前匍匐爬行，以后逐渐用手或毛巾提起宝宝腹部，使身体重量落在手和膝上，以便宝宝向前匍匐爬行。

6～7个月宝宝的锻炼

指出身体部位：爸爸妈妈与宝宝对坐。先指着自己的脚说“小脚”，然后抓住宝宝的小手指着他自己的小脚说“小脚”。每天重复1～2次，然后抱宝宝对着镜子，把住他的小手指他的小脚，重复说“小脚”，经过7～10天的训练，宝宝会用小手指自己的小脚，这时爸爸妈妈应亲亲他表示赞许。

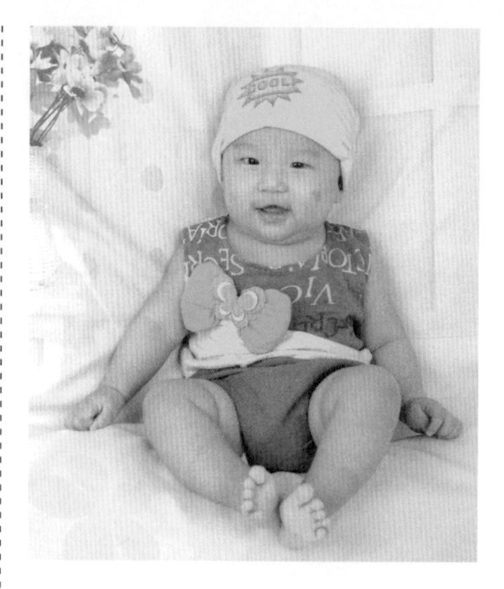

寻找物体：将小塑料彩球或颜色漂亮的糖豆，投入透明的瓶内盖上，宝宝会拿着瓶子摇，看着彩球或糖豆。如果将此瓶放入大纸盒内，宝宝会将瓶取出，继续观看彩球或糖豆，寻找彩球或糖豆是否仍在瓶内。再把大的玩具藏在宝宝的背后，引导宝宝主动转身寻找。

7～8个月宝宝的锻炼

爬行训练：由手膝爬行过渡至手足爬行，让宝宝能腹部离开地面用手膝爬行，也可以让宝宝和其他同龄宝宝在铺有地毯的地上，互相追逐爬着玩，或推滚着小皮球等会滚动的玩具一边追逐一边向前爬。手膝爬行是宝宝真正学会爬行的标志。

拉物站起：让宝宝练习自己从仰卧位拉着物体（如床栏杆，爸爸妈妈的手等）站起来。可先扶着栏杆等物体坐起，逐渐到扶栏杆站起，学习克服重力平衡自己身体的技巧。

8～9个月宝宝的锻炼

站立坐下：让宝宝从卧位拉着东西或牵一只手站起来，在站位时用玩具逗引他3～5分钟，扶住双手鼓励宝宝慢慢坐下。扶站比坐下容易，坐下时更需要双下肢的有力支撑，爸爸妈妈要帮助扶坐，以免疲劳。

坐起迈步：让宝宝仰卧或俯卧，用语言、动作示意他主动坐起来，再扶宝宝双手使其站立，鼓励宝宝迈步，或用玩具、食品逗引他坐起来。

花样爬行：经过一个多月的爬行训练，宝宝已经由原来手膝爬行过渡到熟练的手足爬行，并由开始的不熟练、不协调到熟练、协调。爸爸妈妈用宝宝喜欢的玩具逗引宝宝，可以感觉到宝宝又有不小的进步。

9～10个月宝宝的锻炼

打开盖子：拿一只带盖的塑料茶杯放在宝宝面前，向他示范打开盖、再合上盖的动作，然后让他练习只用拇指与食指将杯盖掀起，再盖上。反复练习，做对了就称赞宝宝，锻炼拇指与食指的力量，锻炼宝宝手指与手腕的协调性，以促进宝宝的空间知觉的发展。

收拾玩具：在训练宝宝放下、拿起的基础上，爸爸妈妈把宝宝的玩具一件件地放进玩具箱里，边做边说“放进去”，然后再一件件地拿出来，让他模仿。这样做能够促进手、眼、脑的协调发展，并学会听命令，每天练习1～2次。

10～11个月宝宝的锻炼

踢球：在宝宝已经能够扶着栏杆、凳子、沙发等由蹲着到站稳的基础上，爸爸妈妈可在距宝宝脚下3～5厘米处放一个球让他踢，还要教会宝宝双脚轮换着踢，在踢来踢去地过程中，宝宝会十分开心。这样做锻炼了宝宝大脑的平衡能力，腿部动作的训练，促进了眼、足、脑的协调发展，还建立了“球形物体”能滚动的形象思维。

爬越障碍：11个月的宝宝具有熟练的爬行技能和极强的攀高欲望。这是宝宝自我探索、自寻其乐、增强才干的动力。应创造条件和宝宝开展“爬大山”、“越障碍”等游戏，如在地面上绕着玩具爬行，或到大型玩具活动场所爬楼梯、滑滑梯等活动。

11～12个月宝宝的锻炼

独走几步：训练宝宝能够稳定地独自站立，然后再练习独自行走。开始可在爸爸妈妈之间各牵一只手学走，再不断地鼓励宝宝独走几步，以后爸爸妈妈走到宝宝前面，与宝宝面对面，引导宝宝向前独走几步，再逐渐增加距离。

双脚跳跃：让宝宝双手扶床或沙发站稳，爸爸妈妈可以做双脚轻轻跳动的示范动作，开始时让宝宝借助双手的支撑力量，模仿着用两脚跳跃。这对控制身体的平衡能力和培养勇敢、坚强的品格很重要，大部分宝宝都喜欢这种跳跃活动。

[Mother & Baby]

0～1岁宝宝肢体协调智能开发小游戏

一起做运动（1～2个月）

益智目标

让宝宝的肢体得到运动，促进肢体协调能力。

亲子互动

每次在给宝宝洗澡前，先同宝宝一起做一下运动，先做上肢，边喊口令边做动作。握住宝宝的两只小手，做“上、下、内、外、屈肘、伸肘”的动作。做下肢运动，握住宝宝的两只小脚，做“上、下、内、外展、合拢、屈膝、伸直”的动作。宝宝出生后的8天左右，头部左右转动自如了，可以将宝宝俯卧在床上，用一只手扶起宝宝的前额，另一只在宝宝的头侧摇动会发声音的玩具，吸引宝宝抬眼观看。练习2周左右，父母不用手扶宝宝的额头，宝宝也能主动抬眼观看，甚至下巴能暂时离开床面。

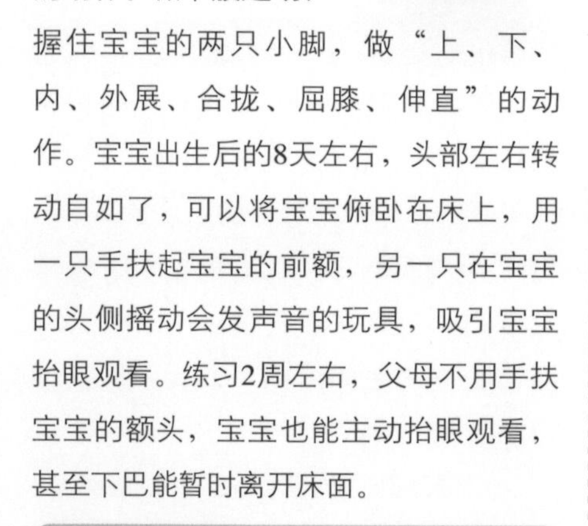

专家在线

通过游戏，可以让宝宝的肢体得到很好的运动，皮肤得到妈妈温柔的抚摸。不仅能促进宝宝肢体的发育及肢体间协调运动的能力，而且能满足宝宝希望受到外界充分接触的需求。

抓住妈妈的手（3～4个月）

益智目标

发展听觉、触觉，锻炼宝宝的手部肌肉力量。

亲子互动

妈妈伸出食指，放在宝宝的手心，让宝宝抓住，然后妈妈慢慢将手指向外抽，直到宝宝的手掌边缘，且边抽手指边对宝宝说：“宝宝抓住妈妈的手指啦，宝宝要用力哦！”

专家在线

妈妈与宝宝一起做游戏，能刺激宝宝身体各个器官及小脑的发育。上边的游戏，虽然简单，但却能增强妈妈与宝宝之间的感情，并且能锻炼宝宝的手部肌肉力量，协调手和脑的配合，增强宝宝的肢体协调能力。

匍匐“爬行”（5～6个月）

益智目标

增强颈部支撑力，锻炼腿、膝盖、臂、胸、背肌肉的支撑力和整个身体的平衡能力。

亲子互动

让宝宝俯卧在床上，妈妈帮助宝宝支起双手，再用上膝盖支撑着身体。

此时爸爸拿玩具在宝宝前面引逗，妈妈在后面先推动宝宝一个膝窝到腹下，然后再推另一个膝窝，并齐后，再重复进行，帮助宝宝向前爬行，抓到玩具。

专家在线

扭动、匍匐爬行，能帮助宝宝的大脑形成突触，以控制将来整体运动智能的发展。而且，宝宝在练习爬行时，头颈抬起，胸腹离地，用四肢支撑身体重量，这也锻炼了胸腹背与四肢的肌肉，促进了骨骼生长。

倒倒捡捡（7～8个月）

益智目标

发展手眼协调和动作的灵活性。

亲子互动

妈妈准备一个篮子和几块小积木，将手中的篮子边晃边对宝宝说："宝宝，我们来玩游戏啦！"然后将篮子中的积木倒在宝宝面前，再一块块捡到篮子里。将篮子放在宝宝面前，鼓励宝宝将积木从篮子中倒出来，再将积木捡到篮子里。

专家在线

抓握能力的发展，代表着宝宝的手部运动能力大幅度提升，手眼协调也越来越好，这时父母更应该对宝宝进行训练，练习他的手的操作技巧及与全身运动的协调能力。如果发现宝宝在握东西的时候还是大把抓，父母就应该引导宝宝用"对握法"握东西。

刺激脚趾游戏（9～10个月）

益智目标

训练宝宝脚趾用力，增加对脑部的刺激。

亲子互动

妈妈拉起宝宝的双手，用力让宝宝站立起来，站稳后教宝宝踮脚尖。这时，妈妈仍要扶着宝宝的手，让宝宝保持平衡。

专家在线

游戏进行时间不宜过长，每天几次，如果宝宝不愿意或脸潮红不要勉强。如果学会踮脚尖，可牵着宝宝的手，让宝宝用脚尖走路前进。别忘了亲亲宝宝，并告诉宝宝："宝宝好棒！"

推推车（11～12个月）

益智目标

锻炼宝宝的腿部肌肉，训练宝宝以后走路时肢体的协调性。

亲子互动

妈妈拉着推车，让宝宝抓住车的另一端，慢慢向后退，引导宝宝跟着自己的脚步慢慢向后退，一边退一边鼓励宝宝："宝宝好棒啊，走得真漂亮！"稍稍改变后退的方向，慢慢拉着推车做弧线运动，提高宝宝的灵活性。

专家在线

腿部动作的发展对宝宝的成长有着重大意义，在腿部肌肉发展的早期，适当的训练可以促进腿部肌肉和骨骼的生长，为宝宝以后顺利走路作准备。

Chapter 11 视觉记忆智能

视觉记忆智能是宝宝最重要的感觉能力，在宝宝大脑所吸纳的全部信息中，有85%以上是通过视觉所获得。

视觉记忆智能促进大脑开发

研究证明，大脑的发育与视觉的发育是密不可分的，人靠各种感官功能从外界摄取信息供大脑加工、处理、储存，进而又不断促使大脑向更高级形式发展，而信息摄取主要来自于视觉系统。有效的视觉刺激能极大提升宝宝的视敏度，让宝宝更清晰精确地接受外界的信息与刺激，从而进一步帮助智力潜能的养成，促进脑部发育。而视觉的发育有赖于有效的视觉训练。利用更为完善的视觉功能和技巧，宝宝可以感知、接受、加工更多的信息，在大脑皮层形成更多的视觉记忆，从而促进大脑的开发，提升宝宝的智力水平。

近年来的研究表明，利用视觉形象可大大提高宝宝的注意力、记忆力及综合能力。宝宝会把他见到的对象，整个地、不假思索地、但清晰地印在脑子里，形成牢固的脑映像，类似于感光胶片。这种能力，成年人望尘莫及。这种脑映像能力对于早期教育具有极其重要的意义。

宝宝视觉发育的七个阶段

生理科学研究发现，宝宝的视觉发育分为七个阶段：

第一阶段：宝宝刚出生时只对光产生反应。

第二阶段：宝宝从两个月开始逐渐能够感觉黑与白的反差。

第三阶段：宝宝从四个月开始逐渐分辨平面物体的轮廓。

第四阶段：宝宝从四个多月开始逐渐有色彩和立体感觉。

第五阶段：宝宝从六个月开始认识并记忆生活中常见的符号。

第六阶段：宝宝从九个个开始逐渐认识并记忆文字。

第七阶段：宝宝从两岁开始进入阅读并理解阅读的内容。

良好的视觉能力对于宝宝的未来具有十分重要的意义，使得他在日后的生活与工作中，能够观察细微、判断精确、分析明晰、记忆牢固、反应迅速，从而在语言文字、书画艺术、科学研究、经营管理等各个领域取得突出的成绩。

视觉训练要动静结合

在宝宝成长到第二个月时，就要进行视觉的训练培养。在这一时期，宝宝的视觉的训练培养要静动结合。

所谓的静，就是要锻炼宝宝眼睛的注视能力。现代科学研究表明，两个月的宝宝喜爱对比强烈的颜色，黑白色的几何图形或脸部画像是他们的最爱。两个月以内的婴儿最佳注视距离是15～25厘米，太远或太近，虽然也可以看到，但不能看清楚。

因此，在锻炼宝宝对静物的注视方法中，最有效的就是妈妈抱起宝宝，观看墙上的画片，桌上的鲜花，鲜艳洁净的苹果、梨、香蕉等摆件和食品。另外，妈妈对宝宝说话时，眼睛要注视着宝宝。这样，宝宝也会一直看着妈妈，这既是一种注视力锻炼，也是母子之间无声的交流。由于宝宝喜欢明亮及对比强烈的色彩，所以要给宝宝看一些色彩鲜艳，构图简单的图片，比如小朋友、小动物和其他构图简单的玩具等。你还可以在宝宝的婴儿床的上方挂一些悬挂物。这些悬挂物应悬挂在宝宝头上的30～40厘米处，应在宝宝的两侧，而不是在头的垂直上方。

所谓动，就是锻炼宝宝眼睛的灵活性。两个月的宝宝，视觉能力进一步增强，两眼的肌肉已能协调运动，而且能够很容易地追随移动的物体。锻炼时，妈妈可以拿着玩具沿水平或上下方向慢慢移动，也可以前后转动，鼓励宝宝用视觉追踪移动的物体，或者抱着宝宝观看鱼缸里游动的鱼或窗外的景物。妈妈爸爸在和宝宝说话的时候，也要有意识地移动你的头部，让宝宝追视你的脸庞，使宝宝眼睛的灵活性随时得到锻炼。如果宝宝经常自己躺在一边没人理睬，对他的要求也不主动理解，没有哄逗，将会影响宝宝的心理发育，不仅宝宝的表情会显得呆板，而且宝宝的反应也相对迟钝。

0～1岁宝宝视觉记忆智能开发小游戏

追视会动的东西（1～2个月）

益智目标

丰富宝宝的视觉经验，帮助宝宝认识更多的事物。

亲子互动

让宝宝舒服地躺在床上，妈妈用一个色彩鲜艳，或带有响声的玩具逗引宝宝，使宝宝的眼睛跟着玩具看，注视玩具。过一会儿，再换另一个玩具在宝宝面前逗引宝宝，此时宝宝的视线就会由一个玩具转移到另一个玩具上。

专家在线

出生2个月的宝宝，两眼能共同注视同一个物体，且喜欢图案、颜色和形状更为复杂的东西。到2个月末，宝宝会更喜欢被竖抱起来，视野会更开阔。大人要多创造机会让宝宝看外界的各种事物，采取循序渐进的方法训练宝宝，帮助宝宝发展视觉。

魔术变变变（3～4个月）

益智目标

训练宝宝的视觉观察能力。

亲子互动

抱着宝宝坐在地上，在眼前一会儿放一个苹果，一会儿放一个奶瓶，过一会儿再放一个食品盒，看看宝宝是否能马上发现眼前的东西变了，看看宝宝对哪件东西更感兴趣。妈妈还可以拿一个小硬币放在地上，过一会儿将硬币旋转起来，并说："转转转。"待硬币倒下后，用宝宝的小手将硬币按住，并说："停！"

专家在线

宝宝的视觉有了进一步发展，他的眼睛也能随着活动的玩具移动。看到移动的玩具，宝宝也会想伸手去触摸，去捉拿。在游戏过程中，宝宝就会慢慢学会用头活动来扩大视觉范围，追寻自己想要观察的事物。

走来走去的玩具（5～6个月）

益智目标

锻炼宝宝的观察力和注意力。

亲子互动

给宝宝买一些电动玩具，打开玩具表演给宝宝看。当宝宝看到玩具在地面上走来走去，会高兴得手舞足蹈。

专家在线

宝宝到了6个月时，一些会动的，有声、光或颜色的东西对宝宝最有吸引力，如电视、灯光、电动玩具、哭笑娃娃等。游戏中，走来走去的玩具一定能引起宝宝的兴趣，所以父母要让宝宝通过各种游戏多听、多看、多玩，观察注意更多的物品。

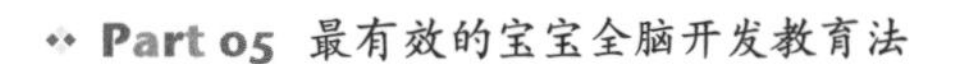

天女散花（7～8个月）

益智目标

训练宝宝的颜色识别能力。

亲子互动

将几张彩纸剪碎放入盒中，放入广口瓶中。让宝宝坐在地板上，将装有“彩色雪花”的盒子放在宝宝面前。

妈妈抓起一些“雪花”，手心向下，慢慢松开手掌，让“雪花”飘落下来。

鼓励宝宝也抓一把“雪花”，然后松手让“雪花”飘落。

反复引导宝宝玩这个游戏。

专家在线

7个月的宝宝可以辨认比以前更多的颜色，包括红、黄、蓝、绿等多种颜色，不过宝宝仍然比较偏爱红色。游戏中父母也会发现，宝宝对红色的“雪花”表现出更多的兴趣。游戏不仅能帮助宝宝学习观察，还能激发好奇心，活动双手。

可爱的小脸蛋（9～10个月）

益智目标

帮助宝宝认识自己的第二个或第三个身体部位，同时建立更好的亲子关系。

亲子互动

妈妈抱着宝宝，面对着镜子，让宝宝可以在镜子里看到自己。

一边念儿歌一边做动作，说“小脸蛋”的同时摸宝宝的脸蛋；说“小下巴”的同时摸宝宝的下巴；继续说“小眼睛”、“小鼻子”、“我要亲亲宝宝的小脚丫”，最后亲宝宝的小脚丫。

专家在线

9个月时，宝宝对外界的认识越来越多，对自己身体的认识，也开始从7个月左右认识自己的第一个身体部位，发展到现在的两至三个身体部位。用游戏不断刺激宝宝的视觉，不仅能扩大宝宝的视野，发展他的观察力，还能增强他的自我感知能力。

看图片（11～12个月）

益智目标

发展宝宝的视觉能力，促进认图能力。

亲子互动

给宝宝找几张不同的水果图片，认识这几种水果。比如，“这是红红的苹果”、“这是紫色的葡萄”等。接下来问宝宝：“红红的大苹果在哪里啊？我们来找一找。”当确认宝宝能认识这几种图片上的水果时，再找来一张有多种水果的图片，让宝宝从不同的水果中找出来。

专家在线

这时宝宝喜欢看一图一物，如果宝宝记住了物品名，也见过实物，他会对十分相似的图片也能认识。

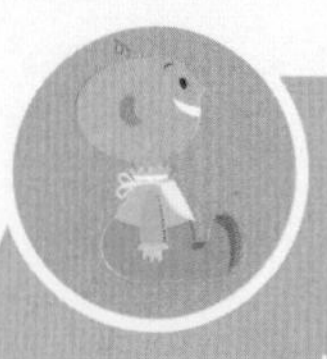

生活自理小儿歌

教宝宝学唱

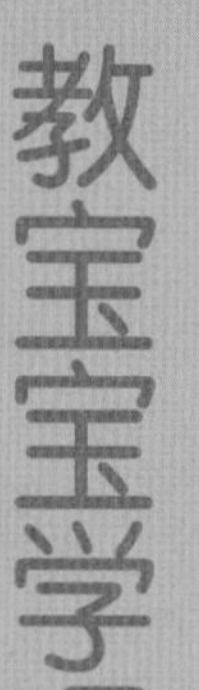

Baby

自己吃饭

小宝宝，真能干，
自己拿勺来吃饭。
右手拿勺子，左手扶碗碗，
一口一口全吃完。

自己喝水

小宝宝，好口渴，
双手捧杯找水喝。
仰起脖，嘴对杯，
咕咚咕咚喝得欢。

自己洗手

打开水龙头，
卷起小袖口，
双手沾湿水，
肥皂搓一搓，
搓完手心搓手背，
流水下面冲干净，
甩一甩，擦擦干，
我的小手真干净。

自己穿鞋

两只小白脚，
想往船里坐。
向前伸一伸，
小手向上提，
再把小船头碰头，
粘上粘扣齐步走。

自己穿上衣

一件衣服四个洞，
伸头钻过小山洞，
小头钻出前洞口，
两个胳膊侧洞出，
哎呀哎呀拉拉直，
自己穿衣好高兴。

自己穿裤子

裤子有前后，分清很重要，
双手撑裤腰，小脚洞外钻，
钻出山洞快站好，拽住裤子提到腰。
咦，我的裤子穿好了。

自己下楼梯

小宝宝，下楼梯，
一步一步走下去。
伸左脚，迈右脚，
稳稳当当踩得牢。
妈妈老师齐夸我，
我是生活自理小当家。

自己上厕所

小朋友，讲卫生，
上完厕所冲一冲。
一按水阀门，
便便全冲走，
异味没有了，
空气好清新。

自己睡觉

小宝宝长大了，不用妈妈陪睡了。
脱鞋床边放，脱衣枕边叠，
小被子要盖好，
小小手要放好，
妈妈一关灯，
眼睛快闭上，
呼噜呼噜睡大觉，
我是健康好宝宝。

自己刷牙

小牙刷手中拿，我们大家来刷牙，
嘴巴要闭紧，牙刷要拿稳，
牙面竖着刷，切面横着刷，
一二三四五，六七八九十，
咕噜咕噜漱漱口，哗啦哗啦洗牙刷，
快快对镜照一照，我的牙齿变白啦！

自己戴手套

宝宝有五指，
手套有五指，
五指怎样对五指？
难坏聪明小宝宝。
张开五个小手指，
来和手套比一比。
拇指进大洞，
食指进二洞，
中指进中洞，
每个指头一个洞。
哎呀哎呀真好玩，
我的手套戴好啦！

畅销升级版

图说生活

文字编撰

宋犀堃

插图绘制

赵 珍　乌日娜　陈 澄

图片提供

北京全景视觉网络科技有限公司

达志影像

华盖创意图像技术有限公司

特别鸣谢

张硕霖　崔皓然　梁子涵

孔晨曦　朱炫辰　刘政扬

金宣睿　白家硕　黄茛轩